重庆科技统计年鉴

（2023）

重庆市科学技术局
重庆市统计局 编
重庆生产力促进中心

西南财经大学出版社

中国·成都

图书在版编目（CIP）数据

重庆科技统计年鉴.2023/重庆市科学技术局,重庆市统计局,
重庆生产力促进中心编.--成都:西南财经大学出版社,
2024.9.--ISBN 978-7-5504-6374-5

Ⅰ.G322.771.9-66

中国国家版本馆 CIP 数据核字第 2024RB0575 号

重庆科技统计年鉴（2023）

CHONGQING KEJI TONGJI NIANJIAN(2023)

重庆市科学技术局
重庆市统计局　　　　　　编
重庆生产力促进中心

策划编辑:王　琴
责任编辑:王　琴
责任校对:高小田
封面设计:墨创文化
责任印制:朱曼丽

出版发行	西南财经大学出版社(四川省成都市光华村街 55 号)
网　　址	http://cbs.swufe.edu.cn
电子邮件	bookcj@swufe.edu.cn
邮政编码	610074
电　　话	028-87353785
照　　排	四川胜翔数码印务设计有限公司
印　　刷	四川五洲彩印有限责任公司
成品尺寸	210 mm×285 mm
印　　张	16.5
字　　数	458 千字
版　　次	2024 年 9 月第 1 版
印　　次	2024 年 9 月第 1 次印刷
书　　号	ISBN 978-7-5504-6374-5
定　　价	108.00 元

编写说明

　　为全面反映重庆市科技进步状况和区域创新能力，服务科技管理部门编制科技规划、制定科技政策，重庆市科学技术局、重庆市统计局和重庆生产力促进中心共同整理编辑了《重庆科技统计年鉴（2023）》。

　　《重庆科技统计年鉴（2023）》重点收录了重庆市2022年度科技活动的统计资料，全书共分为八个部分。第一部分为反映全社会科技活动的综合统计资料；第二至七部分则依次为工业企业、建筑业和服务业企业、高新技术企业、研究与开发机构、高等学校、企业创新活动的统计资料；第八部分为科技计划及成果统计资料。

　　本书有关符号说明：空格表示该项统计指标数据不足本表最小单位数或者数据为0；"–"表示无统计数据；"#"表示是其中的主要项；"＊"或"①"表示本表下有注解。本年鉴部分数据的合计数或相对数，由于四舍五入而产生的计算误差未进行机械调整；若总类数据与各分项数据的汇总数存在较大差距，属于多部门汇总数据误差，为保证与原始数据的一致性，本书未作调整。

　　参与本书编写的单位还有重庆市教育委员会、重庆市财政局和重庆市知识产权局。我们对上述单位有关人员在本书的编写过程中给予的大力支持与帮助，表示衷心感谢。

《重庆科技统计年鉴（2023）》编写组

2024 年 8 月

目录

一、综合

说明：综合部分包括重庆市行政区划，地区生产总值、人均生产总值、财政收入及支出、规模以上工业企业、国内商业、对外经济贸易、金融、人口与就业等主要经济指标，全社会 R&D 人员、R&D 经费支出、地方财政科技支出、高层次人才、科学技术普及等反映全社会科技活动的综合统计资料。

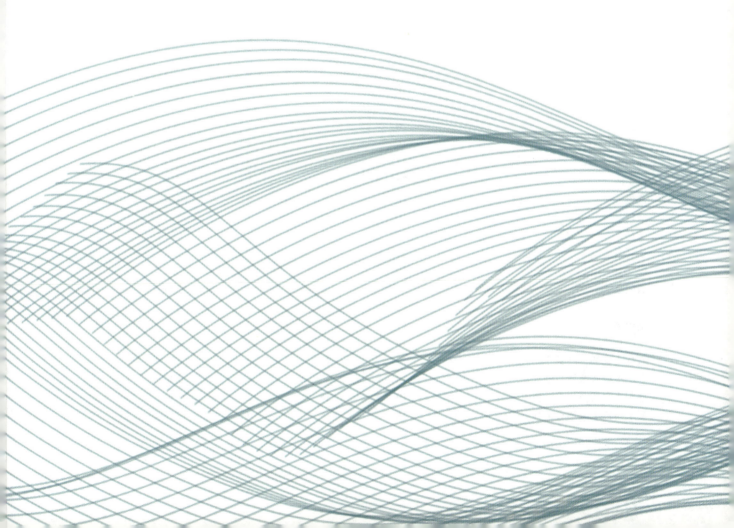

1-1 行政区划（2022年）

单位：个

区县	镇	乡	街道办事处	村委会	居委会
全市	625	147	245	7947	3283
两江新区			8		55
重庆高新区	7		3	61	36
万盛经开区	8		2	56	43
万州区	27	9	14	413	197
黔江区	18	6	6	138	82
涪陵区	14	2	11	303	120
渝中区			11		79
大渡口区	3		5	32	61
江北区	3		9	13	111
沙坪坝区	4		18	48	112
九龙坡区	4		9	48	111
南岸区	7		8	48	103
北碚区	8		9	104	86
渝北区	11		11	173	183
巴南区	14		9	198	115
长寿区	12		7	221	49
江津区	25		5	175	126
合川区	23		7	322	97
永川区	16		7	207	56
南川区	29	2	3	184	60
綦江区（不含万盛）	16		5	302	79
大足区	21		6	203	106
璧山区	9		6	131	60
铜梁区	23		5	266	67
潼南区	20		3	208	96
荣昌区	15		6	92	64
开州区	27	5	8	423	112
梁平区	26	2	5	269	74
武隆区	10	8	4	184	30
城口县	10	13	2	173	31
丰都县	23	5	2	260	78
垫江县	22	2	2	222	79
忠　县	19	5	4	280	92
云阳县	31	6	4	380	98
奉节县	18	7	4	314	78
巫山县	11	11	2	301	39
巫溪县	19	11	2	288	41
石柱土家族自治县	17	13	3	198	44
秀山土家族苗族自治县	18	4	5	202	66
酉阳土家族苗族自治县	19	18	2	270	8
彭水苗族土家族自治县	18	18	3	237	59

1-2 主要经济指标（2013—2022年）

指标名称	2013年	2014年	2015年	2016年	2017年	2018年	2019年	2020年	2021年	2022年
地区生产总值/亿元	13027.60	14623.78	16040.54	18023.04	20066.29	21588.80	23605.77	25041.43	27894.02	29129.03
第一产业	941.24	990.75	1067.72	1236.98	1276.09	1378.68	1551.42	1803.54	1922.03	2012.05
第二产业	5988.62	6774.58	7208.01	7765.38	8455.02	8842.23	9496.84	9969.55	11184.94	11693.86
#工业	4775.67	5369.87	5621.47	5896.16	6202.38	6268.10	6656.72	6990.77	7888.68	8275.99
#建筑业	1212.95	1404.71	1586.54	1869.22	2252.64	2574.13	2840.12	2978.78	3296.26	3417.87
第三产业	6097.74	6858.45	7764.81	9020.68	10335.18	11367.89	12557.51	13268.34	14787.05	15423.12
人均生产总值①/元	44049	49062	53398	59433	65538	68464	74337	78294	87450	90663
财政收入及支出/亿元										
公共财政预算收入	1686.87	1922.02	2080.62	2227.91	2252.38	2265.54	2134.93	2094.85	2285.45	2103.42
公共财政预算支出	3058.94	3304.39	3813.82	4001.81	4336.28	4540.95	4847.68	4893.95	4835.06	4892.77
规模以上工业企业										
单位数/个	5559	6158	6608	6782	6684	6437	6694	6938	7314	7617
工业总产值/亿元	15785.41	18782.33	21400.11	23906.58	21173.21	20647.01	21295.65	22795.51	26493.54	25827.06
国内商业										
社会消费品零售总额/亿元	5946.16	6762.83	7667.59	8728.40	9769.39	10705.24	11631.67	11787.20	13967.67	13926.08
对外经济贸易/亿美元										
进出口总值	687.04	954.5	744.77	627.71	666.04	790.40	839.64	941.76	1238.33	1228.30
#出口	467.97	634.09	551.9	406.94	425.99	513.77	537.99	605.29	800.06	790.9
实际使用外资额	41.44	42.33	37.72	27.90	22.20	32.50	23.65	21.01	22.36	18.57

续表

指标名称	2013 年	2014 年	2015 年	2016 年	2017 年	2018 年	2019 年	2020 年	2021 年	2022 年
金融/亿元										
金融机构年末存款余额	22202.1	24501.54	28094.37	31216.45	33718.98	35651.57	37953.11	41270.20	44270.21	48218.18
金融机构年末贷款余额	17381.55	20011.5	22393.93	24785.19	27871.89	31425.87	36233.20	40960.64	46043.22	49365.86
人口与就业										
户籍总户数/万户	1236.78	1248.67	1254.54	1260.88	1260.93	1269.58	1277.26	1277.53	1285.38	1292.06
户籍总人口/万人	3358.42	3375.2	3371.84	3392.11	3389.82	3403.64	3416.29	3412.71	3414.66	3413.80
年末常住人口/万人	3011.03	3043.48	3070.02	3109.96	3143.51	3163.14	3187.84	3208.93	3212.43	3213.34
年末从业人员/万人	1618.69	1632.12	1647.41	1658.32	1659.33	1663.23	1668.16	1676.01	1668.27	1644.37
#城镇	869.50	902.35	935.50	976.13	1004.52	1032.46	1068.58	1100.12	1108.23	1087.42
城市居民人均可支配收入②/元	25216.13	25147	27239	29610	32193	34889	37939	40006	43502	45509
农村居民人均纯收入③/元	8331.97	9490	10505	11549	12638	13781	15133	16361	18100	19313

注：①人均生产总值按常住人口计算，城市、农村居民收入为抽样调查数。
②城市居民人均可支配收入 2014 年后为城镇常住居民人均可支配收入。
③农村居民人均纯收入 2014 年后为农村常住居民人均可支配收入。

1-3 研究与试验发展（R&D）活动基本情况（2022 年）

指标	合计	科研机构	高等院校	企业	其他
有 R&D 活动的单位数/个	4061	34	137	3610	280
R&D 经费内部支出/万元	6866481	416279	675483	5490598	284122
＃基础研究	350799	50238	262283	6082	32196
应用研究	840965	245024	343643	159170	93129
试验发展	5674717	121017	69558	5325346	158797
＃日常性支出	6294935	349580	528647	5206617	210091
＃人员劳务费	2211242	115367	160370	1821835	113670
＃资产性支出	571546	66699	146836	283980	74031
＃仪器和设备	460261	40098	87383	277297	55484
＃政府资金	940654	252468	316751	145970	225466
企业资金	5634831	19731	250923	5338292	25886
国外资金（境外资金）	1807		558	1249	
其他资金	289189	144080	107251	5088	32770
R&D 人员/人	203515	9185	41711	143221	9398
＃女性	53286	3197	15464	31755	2870
＃全时人员	130703	7797	12752	104255	5899
R&D 人员全时当量/人年	128878	8365	16261	96859	7393
＃研究人员	58065	5805	13924	32827	5509
＃基础研究	8474	1279	6465	94	636
应用研究	19641	4504	8688	3650	2800
试验发展	100764	2582	1109	93115	3958

注：高等院校数为理工农医类和人文社科类高校合计数，存在重复计算。1-5 表同。

1-4 研究与试验发展（R&D）人员（2014—2022 年）

年份	单位数/个	＃有 R&D 活动	R&D 人员/人	＃女性	＃全时人员
2014	8105	1193	93167	22410	57247
2015	8582	1475	97774	25292	61006
2016	8026	1717	111943	29173	71867
2017	7992	2314	130227	33805	82707
2018	7926	2781	151117	40236	96920
2019	10391	3274	160668	42671	103546
2020	10955	3683	166227	43974	107935
2021	11727	4223	202465	51770	128567
2022	12286	4061	203515	53286	130703

1-5　研究与试验发展（R&D）人员（2022 年）

项目	单位数 /个	#有 R&D 活动	R&D 人员 /人	#女性	#研究 人员	#全时 人员	非全时 人员
全市	12286	4061	203515	53286	94213	130703	72812
一、按执行部门分							
企业	11768	3610	143221	31755	47496	104255	38966
研究与开发机构	34	34	9185	3197	6211	7797	1388
高等学校	139	137	41711	15464	33976	12752	28959
其他	345	280	9398	2870	6530	5899	3499
二、按行业分							
农、林、牧、渔业	2	1	13	1		4	
采矿业	166	21	424	74	160	225	199
制造业	7123	3149	122322	27579	38330	89834	32497
电力、热力、燃气及水生产和供应业	317	38	1126	142	424	571	555
建筑业	493	49	3751	517	1601	1837	1914
批发和零售业	1	1	16	10	4	12	4
交通运输、仓储和邮政业	763	7	154	51	64	90	64
信息传输、软件和信息技术服务业	566	127	6302	1396	2836	5143	1159
租赁和商务服务业	956	15	342	97	159	294	48
科学研究和技术服务业	857	441	25634	7263	15814	19214	6420
水利、环境和公共设施管理业	186	24	471	114	178	282	176
教育	130	128	38732	14032	32215	10333	28399
卫生和社会工作	303	50	4129	1957	2382	2795	1352
文化、体育和娱乐业	416	10	99	53	46	69	25
金融业	7						
三、按区县分							
渝中区	453	41	4461	1813	2632	2975	1485
大渡口区	170	58	3671	767	1455	2418	1253
江北区	416	88	14878	3203	7379	12904	1974
沙坪坝区	425	105	20809	6482	14327	10187	10622
九龙坡区	813	343	15612	3566	5933	9826	5786
南岸区	404	144	13344	3894	8768	6362	6981
北碚区	461	141	13332	3406	7653	7983	5349
渝北区	1140	360	31497	7595	14789	20503	10994
巴南区	451	140	9163	2519	4533	5608	3556
涪陵区	489	167	8219	2533	3238	4968	3251
长寿区	368	132	6945	1867	2408	4847	2098
江津区	745	234	8017	1708	2679	5540	2478
合川区	333	99	2831	927	1052	1704	1127
永川区	452	176	6986	2193	2742	4155	2831
南川区	195	107	2272	525	696	1507	766
綦江区	381	177	3853	867	1193	2692	1161

续表

项目	单位数/个	#有 R&D 活动	R&D 人员/人	#女性	#研究人员	#全时人员	非全时人员
潼南区	274	122	2536	709	682	2112	424
铜梁区	455	221	4839	1067	1315	3640	1198
大足区	466	189	4076	1031	1436	3123	953
荣昌区	453	160	4271	1204	1479	3014	1257
璧山区	591	252	8352	1618	2451	5984	2368
万州区	337	92	4524	1441	2489	2579	1946
梁平区	176	60	1375	386	406	906	469
城口县	31	7	85	36	52	62	23
丰都县	122	34	422	116	211	349	73
垫江县	191	60	1108	228	309	817	290
忠　县	160	40	815	183	200	602	213
开州区	253	56	1132	345	292	727	405
云阳县	224	37	502	106	216	345	157
奉节县	194	57	672	100	185	324	348
巫山县	58	23	451	141	161	356	95
巫溪县	37	16	188	78	30	158	30
黔江区	103	28	638	214	350	362	277
武隆区	106	20	374	106	118	285	89
石柱土家族自治县	98	28	531	136	200	435	95
秀山土家族苗族自治县	136	33	555	129	67	221	334
酉阳土家族苗族自治县	61	7	88	34	62	70	17
彭水苗族土家族自治县	61	4	92	9	27	55	37

1-6　研究与试验发展（R&D）人员全时当量（2011—2022 年）

单位：人年

年份	R&D 人员全时当量	基础研究	应用研究	试验发展
2011	40698	4187	6232	30281
2012	46115	4020	7214	34882
2013	52612	3667	6891	42054
2014	58354	3797	6781	47776
2015	61520	4111	7883	49527
2016	68055	4581	9071	54403
2017	77923	5568	10770	61588
2018	91973	6215	14447	71311
2019	97602	7955	15603	74049
2020	105712	7525	17411	80777
2021	123446	8781	17960	96706
2022	128878	8474	19641	100764

1-7 按执行部门分研究与试验发展（R&D）人员全时当量（2022年）

单位：人年

项目	R&D人员全时当量	#研究人员	#基础研究	应用研究	试验发展
全市	128878	58065	8474	19641	100764
企业	96859	32827	94	3650	93115
#规模以上工业企业	83623	26895	43	2996	80584
研究与开发机构	8365	5805	1279	4504	2582
高等学校	16261	13924	6465	8688	1109
其他	7393	5509	636	2800	3958

1-8 按行业分研究与试验发展（R&D）人员全时当量（2022年）

单位：人年

行业	R&D人员全时当量	#研究人员	#基础研究	应用研究	试验发展
全市	128878	58065	8474	19641	100764
农、林、牧、渔业	9	3			9
采矿业	291	106		42	249
制造业	82671	26525	43	2923	79704
电力、热力、燃气及水生产和供应业	661	264		30	631
建筑业	2323	1007		158	2165
批发和零售业	14	3			14
交通运输、仓储和邮政业	136	57			136
信息传输、软件和信息技术服务业	4448	2068		52	4396
租赁和商务服务业	247	116		8	239
科学研究和技术服务业	20835	13519	1957	7587	11291
水利、环境和公共设施管理业	305	118			305
教育	14218	12692	5253	8125	840
卫生和社会工作	2650	1554	1220	713	718
文化、体育和娱乐业	71	33		4	67
金融业					

1-9 各区县研究与试验发展（R&D）人员全时当量（2022 年）

单位：人年

区县	R&D 人员全时当量	#研究人员	#基础研究	应用研究	试验发展
全市	128878	58065	8474	19641	100764
渝中区	2943	1805	1382	826	734
大渡口区	2586	1036	12	159	2415
江北区	10866	5408	97	1877	8891
沙坪坝区	11212	7280	1690	3931	5591
九龙坡区	9904	3898	161	1041	8702
南岸区	6940	4177	1283	1904	3753
北碚区	8340	4331	1189	1732	5419
渝北区	19571	9557	815	2526	16232
巴南区	6313	2907	330	735	5249
涪陵区	5390	1983	270	602	4519
长寿区	4770	1772	63	396	4311
江津区	4995	1633	93	424	4478
合川区	1660	570	54	364	1242
永川区	4249	1477	196	699	3354
南川区	1561	522	31	84	1447
綦江区	2517	880	14	277	2225
潼南区	1764	506	38	78	1648
铜梁区	3296	941	10	76	3210
大足区	3021	1100	45	86	2890
荣昌区	2933	1034	231	170	2532
璧山区	5673	1774	34	216	5422
万州区	2574	1427	379	649	1547
梁平区	842	277	5	79	757
城口县	69	51		12	57
丰都县	353	185	4	30	319
垫江县	776	232	13	209	554
忠　县	470	117	1	54	415
开州区	639	169	3	18	620
云阳县	329	172	3	109	217
奉节县	364	98	2	24	338
巫山县	331	127		43	287
巫溪县	132	21		2	130
黔江区	372	209	18	113	241
武隆区	294	99	1	25	268
石柱土家族自治县	451	181	2	45	403
秀山土家族苗族自治县	262	35		2	259
酉阳土家族苗族自治县	70	57	5	17	48
彭水苗族土家族自治县	44	17	1	6	37

1-10 研究与试验发展（R&D）经费内部支出（2011—2022 年）

年份	R&D 经费内部支出/万元	#基础研究	应用研究	试验发展	占地区生产总值比重/%
2011	1283560	89403	206511	987649	1.26
2012	1597973	87535	243231	1267209	1.38
2013	1764911	69563	160252	1535096	1.35
2014	2018528	69354	189040	1760134	1.38
2015	2470012	89645	242429	2137937	1.54
2016	3021830	127703	293145	2600981	1.68
2017	3646309	157618	351867	3136824	1.82
2018	4102094	209690	482468	3409936	1.90
2019	4695714	281486	459125	3955103	1.99
2020	5267944	232516	667494	4367934	2.11
2021	6038410	297396	749547	4991467	2.16
2022	6866481	350799	840965	5674717	2.36

1-11 按执行部门分研究与试验发展（R&D）经费内部支出（2022 年）

单位：万元

项目	R&D 经费内部支出	#基础研究	应用研究	试验发展
全市	6866481	350799	840965	5674717
企业	5490598	6082	159170	5325346
#规模以上工业企业	4793346	3679	143570	4646097
研究与开发机构	416279	50238	245024	121017
高等学校	675483	262283	343643	69558
其他	284122	32196	93129	158797

1-12 按行业分研究与试验发展（R&D）经费内部支出（2022 年）

单位：万元

行业	R&D 经费内部支出	#基础研究	应用研究	试验发展
全市	6866481	350799	840965	5674717
农、林、牧、渔业	117			117
采矿业	52454		990	51464
制造业	4764150	3679	140532	4619939
电力、热力、燃气及水生产和供应业	48763		2049	46714
建筑业	73603		2804	70799

续表

行业	R&D 经费内部支出	#基础研究	应用研究	试验发展
批发和零售业	381			381
交通运输、仓储和邮政业	4519			4519
信息传输、软件和信息技术服务业	187916		1505	186411
租赁和商务服务业	5382		87	5295
科学研究和技术服务业	1005304	74630	341492	589183
水利、环境和公共设施管理业	19734			19734
教育	602644	229382	329123	44139
卫生和社会工作	99580	43109	22300	34172
文化、体育和娱乐业	1935		85	1850
金融业				

1-13 各区县研究与试验发展（R&D）经费内部支出（2022年）

区县	R&D 经费内部支出/万元	#基础研究	应用研究	试验发展	占地区生产总值比重/%
全市	6866481	350799	840965	5674717	2.36
渝中区	107450	51081	17116	39253	0.69
大渡口区	122858	645	5193	117020	3.63
江北区	770030	6441	107998	655591	4.80
沙坪坝区	530081	115709	184937	229435	4.79
九龙坡区	470353	14376	34192	421785	2.67
南岸区	269232	39190	85297	144745	2.92
北碚区	374618	41375	65090	268154	5.05
渝北区	1207680	15641	90982	1101057	5.26
巴南区	350318	10575	31488	308256	3.43
涪陵区	347222	7483	23273	316466	2.31
长寿区	229553	3052	18658	207843	2.50
江津区	280267	4991	20413	254862	2.11
合川区	58553	1951	10890	45713	0.59
永川区	245681	9033	25950	210697	2.04
南川区	71541	1453	3797	66292	1.70
綦江区	145248	751	17965	126531	1.88
潼南区	84039	709	3851	79479	1.50
铜梁区	175094	642	3859	170594	2.39
大足区	198242	1142	4040	193059	2.43
荣昌区	178874	5986	11479	161409	2.19

续表

区县	R&D 经费内部支出/万元	#基础研究	应用研究	试验发展	占地区生产总值比重/%
璧山区	259965	1412	9547	249006	2.82
万州区	107629	13961	30899	62769	0.96
梁平区	47394	247	4760	42387	0.82
城口县	3451		570	2880	0.52
丰都县	14202	184	1155	12862	0.36
垫江县	26462	288	5264	20910	0.50
忠　县	38344	62	3128	35153	0.75
开州区	30957	162	1018	29777	0.47
云阳县	26234	132	5277	20825	0.47
奉节县	20216	105	1484	18627	0.51
巫山县	5811	26	1284	4501	0.26
巫溪县	3338	18	91	3230	0.27
黔江区	12716	806	4058	7852	0.45
武隆区	9775	68	1516	8191	0.37
石柱土家族自治县	18635	84	2742	15809	0.89
秀山土家族苗族自治县	14506	24	123	14359	0.40
酉阳土家族苗族自治县	2861	958	127	1776	0.12
彭水苗族土家族自治县	7052	37	1456	5559	0.25

1-14　按支出用途分研究与试验发展（R&D）经费内部支出（2011—2022 年）

单位：万元

年份	R&D 经费内部支出	#日常性支出	#人员劳务费	#资产性支出	#仪器和设备
2011	1283560	1037142	265470	246419	217047
2012	1597973	1316849	362091	281125	231793
2013	1764911	1448575	478775	316336	274124
2014	2018528	1650418	567723	368110	330489
2015	2470012	2038555	691165	431457	353186
2016	3021830	2464337	863209	557494	467977
2017	3646309	3050672	1060847	595637	510021
2018	4102094	3563521	1179154	538573	450002
2019	4695714	4227930	1387423	442915	321636
2020	5267944	4648252	1601994	619692	504502
2021	6038410	5552479	1878703	485931	376247
2022	6866481	6294935	2211242	571546	460261

1-15 按执行部门和支出用途分研究与试验发展（R&D）经费内部支出（2022 年）

单位：万元

项目	R&D 经费内部支出	#日常性支出	#人员劳务费	#资产性支出	#仪器和设备
全市	6866481	6294935	2211242	571546	460261
企业	5490598	5206617	1821835	283980	277297
#规模以上工业企业	4793346	4547776	1495321	245570	239392
研究与开发机构	416279	349580	115367	66699	40098
高等学校	675483	528647	160370	146836	87383
其他	284122	210091	113670	74031	55484

1-16 各行业按支出用途分研究与试验发展（R&D）经费内部支出（2022 年）

单位：万元

行业	R&D 经费内部支出	#日常性支出	#人员劳务费	#资产性支出	#仪器和设备
全市	6866481	6294935	2211242	571546	460261
农、林、牧、渔业	117	31	12	86	29
采矿业	52454	50716	6445	1738	1737
制造业	4764150	4516852	1505146	247298	241167
电力、热力、燃气及水生产和供应业	48763	47972	10073	791	633
建筑业	73603	72548	34315	1055	1044
批发和零售业	381	381	238		
交通运输、仓储和邮政业	4519	4519	1994		
信息传输、软件和信息技术服务业	187916	186623	126927	1293	1282
租赁和商务服务业	5382	5376	2703	5	5
科学研究和技术服务业	1005304	837940	347985	167364	123842
水利、环境和公共设施管理业	19734	19696	4441	38	36
教育	602644	479048	141745	123597	74238
卫生和社会工作	99580	71302	28629	28278	16248
文化、体育和娱乐业	1935	1931	588	3	
金融业					

1-17 各区县按支出用途分研究与试验发展（R&D）经费内部支出（2022年）

单位：万元

区县	R&D经费内部支出	#日常性支出	#人员劳务费	#资产性支出	#仪器和设备
全市	6866481	6294935	2211242	571546	460261
渝中区	107450	81883	36182	25568	12403
大渡口区	122858	115692	55237	7165	6943
江北区	770030	758528	293045	11502	8456
沙坪坝区	530081	469089	170013	60992	41970
九龙坡区	470353	436225	178908	34129	31022
南岸区	269232	222984	95609	46248	31141
北碚区	374618	323931	130809	50688	41360
渝北区	1207680	1081468	437428	126212	115162
巴南区	350318	321889	101223	28430	26745
涪陵区	347222	324959	80948	22263	18773
长寿区	229553	208244	95410	21309	20536
江津区	280267	267664	76413	12602	11357
合川区	58553	54806	19051	3747	3438
永川区	245681	226246	45977	19434	13912
南川区	71541	64832	20782	6709	5963
綦江区	145248	140169	31372	5078	4697
潼南区	84039	82373	20138	1666	1576
铜梁区	175094	168435	40607	6660	5693
大足区	198242	195362	41146	2880	2545
荣昌区	178874	161080	38269	17794	9131
璧山区	259965	231621	92282	28344	27395
万州区	107629	91018	37284	16612	9416
梁平区	47394	44450	13654	2944	1621
城口县	3451	2709	681	742	705
丰都县	14202	13702	4380	499	442
垫江县	26462	25499	9976	964	917
忠　县	38344	37575	5475	769	756
开州区	30957	30081	8007	877	804
云阳县	26234	25649	3889	585	436
奉节县	20216	18842	4507	1373	1147
巫山县	5811	5527	4155	285	117
巫溪县	3338	3158	1066	180	177
黔江区	12716	10502	4187	2214	960
武隆区	9775	9675	2856	100	86
石柱土家族自治县	18635	14988	5101	3647	2138
秀山土家族苗族自治县	14506	14479	3190	26	22
酉阳土家族苗族自治县	2861	2592	1423	269	267
彭水苗族土家族自治县	7052	7009	563	43	34

1-18 按资金来源分研究与试验发展（R&D）经费内部支出（2011—2022 年）

单位：万元

年份	R&D 经费内部支出	#政府资金	企业资金	境外资金	其他资金
2011	1283560	201425	1014756	5416	61971
2012	1597973	230572	1258192	2393	106818
2013	1764911	241133	1453276	4516	65987
2014	2018528	232515	1735805	4056	46152
2015	2470012	364514	2043908	8680	52910
2016	3021830	440241	2441753	4895	134941
2017	3646309	507509	2973184	5139	160478
2018	4102094	697312	3240545	6455	157782
2019	4695714	778101	3733598	416	183599
2020	5267944	772417	4278157	2491	214878
2021	6038410	882944	4881853	5192	268421
2022	6866481	940654	5634831	1807	289189

1-19 按执行部门和资金来源分研究与试验发展（R&D）经费内部支出（2022 年）

单位：万元

项目	R&D 经费内部支出	#政府资金	企业资金	境外资金	其他资金
全市	6866481	940654	5634831	1807	289189
企业	5490598	145970	5338292	1249	5088
#规模以上工业企业	4793346	129533	4657477	1249	5088
研究与开发机构	416279	252468	19731		144080
高等学校	675483	316751	250923	558	107251
其他	284122	225466	25886		32770

1-20 各行业按资金来源分研究与试验发展（R&D）经费内部支出（2022 年）

单位：万元

行业	R&D 经费内部支出	#政府资金	企业资金	境外资金	其他资金
全市	6866481	940654	5634831	1807	289189
农、林、牧、渔业	117	2	115		
采矿业	52454	175	52280		
制造业	4764150	129347	4628466	1249	5088
电力、热力、燃气及水生产和供应业	48763	11	48752		
建筑业	73603	106	73497		

续表

行业	R&D 经费内部支出	#政府资金	企业资金	境外资金	其他资金
批发和零售业	381		381		
交通运输、仓储和邮政业	4519	13	4506		
信息传输、软件和信息技术服务业	187916	2108	185809		
租赁和商务服务业	5382	183	5199		
科学研究和技术服务业	1005304	476808	351681		176816
水利、环境和公共设施管理业	19734	752	18982		
教育	602644	278373	229829	558	93884
卫生和社会工作	99580	52669	33510		13402
文化、体育和娱乐业	1935	107	1828		
金融业					

1-21 各区县按资金来源分研究与试验发展（R&D）经费内部支出（2022 年）

单位：万元

区县	R&D 经费内部支出	#政府资金	企业资金	境外资金	其他资金
全市	6866481	940654	5634831	1807	289189
渝中区	107450	59975	40014		7460
大渡口区	122858	7751	113152		1954
江北区	770030	46820	705855		17355
沙坪坝区	530081	148248	322791	31	59010
九龙坡区	470353	78939	353546	456	37413
南岸区	269232	73959	169877	480	24916
北碚区	374618	86362	274804	93	13360
渝北区	1207680	161824	1006520		39335
巴南区	350318	25997	309393	26	14902
涪陵区	347222	22748	318660		5814
长寿区	229553	12336	208044		9172
江津区	280267	11762	260090	596	7818
合川区	58553	8971	45583		3999
永川区	245681	25137	212944		7599
南川区	71541	7829	62572		1141
綦江区	145248	11521	131425		2301
潼南区	84039	2035	81326		678
铜梁区	175094	6478	166986		1631
大足区	198242	13386	184723		132
荣昌区	178874	32018	146112		744

续表

区县	R&D 经费内部支出	#政府资金	企业资金	境外资金	其他资金
璧山区	259965	15557	239683	124	4601
万州区	107629	35457	50562		21611
梁平区	47394	2170	44284		941
城口县	3451	3075	375		1
丰都县	14202	3298	10345		559
垫江县	26462	2707	23344		412
忠　县	38344	1441	36426		477
开州区	30957	2180	28285		492
云阳县	26234	4721	21114		399
奉节县	20216	1112	18728		376
巫山县	5811	3036	2697		79
巫溪县	3338	64	3221		53
黔江区	12716	5196	6372		1147
武隆区	9775	4669	4902		205
石柱土家族自治县	18635	9359	8802		474
秀山土家族苗族自治县	14506	636	13798		72
酉阳土家族苗族自治县	2861	1766	651		444
彭水苗族土家族自治县	7052	114	6826		112

1-22　研究与试验发展（R&D）经费外部支出（2011—2022 年）

单位：万元

年份	R&D 经费外部支出	#对境内研究机构支出	对境内高等学校支出	对境内企业支出	对境外机构支出
2011	78962	35828	12159	3526	27446
2012	82618	46226	13489	9556	13291
2013	84550	51767	13879	11537	7080
2014	93429	49805	13555	13044	14969
2015	91393	29061	17326	37184	7582
2016	139655	36674	22550	69932	10495
2017	183197	29372	24814	119795	9079
2018	195469	33753	22764	115350	22623
2019	247666	45765	26012	160929	14402
2020	297142	57078	23325	196691	18972
2021	351485	49311	25272	186454	88857
2022	420879	81026	19306	299588	20107

注：该数据与各分项数据和数差别较大，属于多部门汇总数据误差。

1-23 研究与试验发展（R&D）经费外部支出（2022 年）

单位：万元

项目	R&D 经费外部支出	#对境内研究机构支出	对境内高等学校支出	对境内企业支出	对境外机构支出
全市	420879	81026	19306	299588	20107
一、按执行部门分					
企业	389100	67181	12860	288952	20107
#规模以上工业企业	271817	60478	11060	180177	20103
研究与开发机构	6048	2062	443	3533	
高等学校	22571	11494	5364	5569	1
其他	3160	288	639	1534	
二、按行业分					
农、林、牧、渔业	2	1	2		
采矿业	1101	1023	77		
制造业	265241	57977	9937	177223	20103
电力、热力、燃气及水生产和供应业	5476	1477	1045	2954	
建筑业	906	91	144	671	
批发和零售业					
交通运输、仓储和邮政业	43	5	33	6	
信息传输、软件和信息技术服务业	36887	3953	201	32731	3
租赁和商务服务业	113			113	
科学研究和技术服务业	87984	4930	2468	79866	
水利、环境和公共设施管理业	556	75	35	447	
教育	21601	11346	4795	5316	1
卫生和社会工作	970	148	570	262	
文化、体育和娱乐业					
金融业					
三、按区县分					
渝中区	8730	3331	1717	3671	
大渡口区	22608	20286	410	968	944
江北区	103952	11352	2700	82959	6838
沙坪坝区	24910	6979	2011	10836	4602
九龙坡区	26979	4768	1541	17510	3160
南岸区	12762	5212	1076	6295	155
北碚区	20022	6012	3159	9160	1573

续表

项目	R&D 经费外部支出	#对境内研究机构支出	对境内高等学校支出	对境内企业支出	对境外机构支出
渝北区	145908	8949	2505	134430	10
巴南区	946	243	243	435	
涪陵区	10572	7702	966	1769	136
长寿区	17921	94	670	16505	652
江津区	2359	86	593	572	1107
合川区	2923			2790	134
永川区	1011	299	149	535	27
南川区	136	13	28	94	
綦江区	453			453	
潼南区	17		17		
铜梁区	811	495	32	284	
大足区	668	108	78	482	
荣昌区	1631	195		1436	
璧山区	10656	4159	1067	4660	770
万州区	609	53	161	396	
梁平区	90		90		
城口县					
丰都县					
垫江县	715	8	65	641	
忠　县	111	33	20	32	
开州区					
云阳县	1330	531		799	
奉节县	561	20	8	534	
巫山县	5	5			
巫溪县					
黔江区	8	1		6	
武隆区	63	31		31	
石柱土家族自治县	1387	36		1301	
秀山土家族苗族自治县	7	7			
酉阳土家族苗族自治县	18	18			
彭水苗族土家族自治县					

1-24 地方财政科技支出（2015—2022年）

单位：万元

项目	2015年	2016年	2017年	2018年	2019年	2020年	2021年	2022年
一般公共财政支出	37919973	40018090	43362800	45409487	48476795	48939461	48350551	48927688
全市地方财政科技拨款	458033	516208	593077	685887	792329	828722	926407	988878
地方科技拨款占公共财政支出的比重/%	1.21	1.29	1.37	1.51	1.63	1.69	1.92	2.02
按级别分								
市级	149026	197953	236806	295876	298830	218718	249569	274984
区县级	309007	318255	356271	390011	493499	610004	676838	713894
按用途分								
#科学技术管理事务	17747	14180	18977	28212	28190	32105	27334	46756
基础研究	6729	4017	6260	7223	13704	24887	54691	90199
应用研究	21376	22928	22231	25191	25837	61406	46882	37480
技术研究与开发	322715	380637	382083	436981	426598	323805	265440	282585
科技条件与服务	26135	32229	35770	46790	121506	35652	32632	26594
社会科学	5654	5921	6962	6383	8083	7800	9043	7880
科学技术普及	17587	19715	28526	31665	25555	28230	30194	25265
科技交流与合作	86	166	206	560	1502	772	766	4064
科技重大专项	450	964	3624	5008		35494	64099	68798
其他科学技术支出	39554	35451	88438	97874	141354	278571	395326	399257

注：①地方财政支出包含公共财政支出、基金支出、国有资本经营支出；②地方财政科技拨款是指地方用于科学技术方面的支出，同政府收支分类科目206相同，包括中央对地方的科技专项转移支付。

1-25 各区县地方财政科技支出（2022年）

区县	一般公共财政支出/万元	地方财政科技支出/万元	财政科技支出占公共财政支出的比重/%
重庆市	48927688	988878	2.02
#市本级	16096891	274984	1.71
区县级	32830797	713894	2.17
#渝中区	768648	5577	0.73
大渡口区	384745	6917	1.80
江北区	988425	34815	3.52
沙坪坝区	907230	13322	1.47
九龙坡区	953159	33685	3.53
南岸区	910071	18590	2.04
北碚区	647903	6310	0.97

续表

区县	一般公共财政支出/万元	地方财政科技支出/万元	财政科技支出占公共财政支出的比重/%
渝北区	1142435	28994	2.54
两江新区	1783123	98149	5.50
重庆高新区	849741	195042	22.95
巴南区	816390	16129	1.98
涪陵区	1206603	19461	1.61
长寿区	911869	12195	1.34
江津区	1160398	15066	1.30
合川区	919118	6849	0.75
永川区	1054295	14731	1.40
南川区	631592	6795	1.08
綦江区（不含万盛）	711223	8661	1.22
万盛经开区	323256	1744	0.54
潼南区	750256	17618	2.35
铜梁区	815975	13676	1.68
大足区	1005629	12972	1.29
荣昌区	829147	14564	1.76
璧山区	678926	14368	2.12
万州区	1521387	37128	2.44
梁平区	695828	4792	0.69
城口县	367257	591	0.16
丰都县	652237	1896	0.29
垫江县	652138	8241	1.26
忠　县	714303	3780	0.53
开州区	902832	3592	0.40
云阳县	828511	3669	0.44
奉节县	669368	10695	1.60
巫山县	547746	1132	0.21
巫溪县	498215	1048	0.21
黔江区	644827	6263	0.97
武隆区	467450	4412	0.94
石柱土家族自治县	561425	2343	0.42
秀山土家族苗族自治县	617658	3259	0.53
酉阳土家族苗族自治县	637905	2680	0.42
彭水苗族土家族自治县	701553	2143	0.31

1-26 各区县按用途分财政科技支出（2022年）

单位：万元

区县	地方财政科技支出	#科学技术管理事务	基础研究	应用研究	技术研究与开发	科技条件与服务	社会科学	科学技术普及	科技交流与合作	科技重大专项	其他科学技术支出
重庆市	988878	46756	90199	37480	282585	26594	7880	25265	4064	68798	399257
#市本级	274984	4448	62810	33915	63779	11998	5329	13487	185	59596	19437
区县级	713894	42308	27389	3565	218806	14596	2551	11778	3879	9202	379820
#渝中区	5577	706			273	265		414		50	4134
大渡口区	6917	440			5008	45		79			1125
江北区	34815	544			33868			358			
沙坪坝区	13322	413			3388	1043	238	240		8000	
九龙坡区	33685	753			4893	100		844			27095
南岸区	18590	600			7343			84			10563
北碚区	6310	1835	354		3839			47			235
渝北区	28994	427		2118	21487		885	442			5753
两江新区	98149		24000		1182	406					72561
重庆高新区	195042	15406	1769					101	3630		174136
巴南区	16129	2338			12092			717			982
涪陵区	19461	732			11384	320	398	310			4199
长寿区	12195	207			5369		152	290			6177
江津区	15066	444	304		5271			429			8618
合川区	6849	505			2316			106			3922
永川区	14731	126			13674			285			646
南川区	6795	571			5312	174		78			660
綦江区（不含万盛）	8661	722			1550	318		111			5960

续表

区县	地方财政科技支出	#科学技术管理事务	基础研究	应用研究	技术研究与开发	科技条件与服务	社会科学	科学技术普及	科技交流与合作	科技重大专项	其他科学技术支出
万盛经开区	1744	508	1		1029			106			100
潼南区	17618	175			15127	896	194	222			1004
铜梁区	13676	548		13	1422	32	9	389			11295
大足区	12972	691			5826	354	148	427	19	8	5821
荣昌区	14564	290		55	455		8	188	16		13198
璧山区	14368	775			13235			89	214		55
万州区	37128	1884	657	1344	31117	1190	323	564			49
梁平区	4792	143			1143	121		324			3061
城口县	591	92			477			22			
丰都县	1896	133			40			184		1144	395
垫江县	8241	6976			919	85		80			181
忠 县	3780	287			2835			350			308
开州区	3592	350			143	1777		34			1288
云阳县	3669	150			67			136			3316
奉节县	10695	713			1459	6714		96			1713
巫山县	1132	305					196	195			436
巫溪县	1048	131						252			665
黔江区	6263	429			253	83		23			5475
武隆区	4412	578		35	3790			8			1
石柱土家族自治县	2343	144	304		1125			120			650
秀山土家族苗族自治县	3259				40	673		234			2312
酉阳土家族苗族自治县	2680							2680			
彭水苗族土家族自治县	2143	237			55			120			1731

1-27　高层次人才（2016—2022 年）

单位：人/个

项目	2016 年	2017 年	2018 年	2019 年	2020 年	2021 年	2022 年
两院院士	13	16	16	16	17	18	18
国家有突出贡献中青年专家	85	91	91	100	111	118	118
国家杰出青年科学基金获得者	41	43	46	50	47	53	56
新世纪百千万人才工程国家级人选	104	110	110	119	130	130	130
国家中青年科技创新领军人才	29	29	35	35	38	39	39
国家科技创新创业领军人才	16	16	21	21	23	23	23
国家重点领域创新团队	8	8	11	11	11	12	12
国家创新人才示范基地	4	4	4	4	4	5	5
享受国务院政府特殊津贴人员	2588	2588	2644	2644	2703	2703	2703
国家级博士后流动站/工作站	84/59	84/60	73/61	83/65	83/72	83/70	83/86
重庆市科技创新领军人才	59	59	79	99	119	139	159
重庆市科技创业领军人才	40	40	60	83	111	131	155
重庆市科技创投领军人才	10	10	15	22	22	24	29

1-28　重庆市科技特派员选派情况（2019—2022 年）

单位：人

指标	2019 年	2020 年	2021 年	2022 年
特派员人数	2739	3344	3158	2796
按人员属性分				
选派型	2673	1300	2946	2729
自发型	66	2044	212	67
按来源渠道分				
事业单位	2268	2507	3073	2560
高等院校	425	529	875	735
科研院所	488	612	815	678
农技推广站所	1124	1091	974	690
其他	231	275	409	457
企业	168	313	56	115
大学生	5	175		
乡土人才	70	234	12	109
其他	228	115	17	12

续表

指标	2019 年	2020 年	2021 年	2022 年
按服务/创业方式分				
服务型	2467	2732	2639	2754
无偿	2231	2171	2534	2751
有偿	236	561	105	3
技术承包	1	303		2
技术入股	1	135		1
其他	234	123	105	
创业型	272	612	519	42
创办/领办企业人	98	365	326	37
创办合作社或专业协会人	64	161	143	5
其他	110	86	50	

1-29 科学技术普及情况（2021 年）

指标	单位	2021 年
一、科普人员		
专职人员	人	8002
兼职人员	人	58148
注册科普（技）志愿者	人	71010
二、科普场地		
科技场馆	个	79
非场馆类科普基地	个	842
三、科普经费		
年度筹集额	万元	70649.6
＃政府拨款	万元	50720.4
年度使用额	万元	76924.5
＃科技活动周经费专项统计	万元	6824.1
四、科普传媒		
科普图书		
出版种数	种	440
年出版总册数	万册	376.3
科普期刊		
出版种数	种	85
年出版总册数	万册	111.4
科技类报纸年发行份数	万份	427.2

续表

指标	单位	2021 年
电视台播出科普（技）节目时间	小时	2320
电台播出科普（技）节目时间	小时	2319
发放科普读物和资料	万份	1989.1
五、科普活动		
科普（技）讲座		
线下次数	次	35897
线下参加人次	万人次	803.3
线上次数	次	2550
线上参加人次	万人次	6277.4
科普（技）展览		
线下次数	次	3991
线下参加人次	万人次	944.6
线上次数	次	317
线上参加人次	万人次	207
科普（技）竞赛		
线下次数	次	1028
线下参加人次	万人次	89.7
线上次数	次	170
线上参加人次	万人次	180.9
科普国际交流		
线下次数	次	29
线下参加人次	万人次	0.3
线上次数	次	22
线上参加人次	万人次	0.5
科技活动周		
线下次数	次	2731
线下参加人次	万人次	191.6
线上次数	次	235
线上参加人次	万人次	470.9
实用技术培训		
次数	次	9317
参加人次	万人次	131
大学、科研机构向社会开放		
个数	个	235
参观人次	万人次	15.1

二、工业企业

说明：工业企业数据调查范围为重庆市规模以上工业企业，主要内容包括规模以上工业企业的科技活动、R&D 人员、R&D 经费支出、研发机构、新产品开发和销售、申请及转让专利、技术获取和技术改造等情况。

2-1 规模以上工业企业科技活动基本情况（2015—2022 年）

指标	2015 年	2016 年	2017 年	2018 年	2019 年	2020 年	2021 年	2022 年
企业基本情况								
有 R&D 活动企业数/个	1225	1346	1906	2292	2581	2878	3361	3208
有 R&D 活动企业所占比重/%	18.5	19.8	28.5	35.6	38.6	41.5	46.0	42.2
研究与试验发展（R&D）活动情况								
R&D 人员全时当量/人年	45129	47392	55190	61956	62424	69843	83845	83623
R&D 经费内部支出/万元	1996609	2374859	2799986	2992091	3358918	3725610	4245267	4793346
R&D 经费内部支出与主营业务收入之比/%	0.96	1.01	1.35	1.48	1.60	1.65	1.58	1.81
企业办研发机构情况								
机构数/个	896	1077	1264	1113	1131	2083	1928	2469
机构人员数/人	42105	49663	51764	48302	49255	72414	74738	88031
机构经费支出/万元	1233365	1509236	1610584	1829055	1869942	2690484	3197207	4262516
新产品开发及生产情况								
新产品开发项目数/个	7352	9243	11227	12812	14274	16907	19752	22057
新产品开发经费支出/万元	2388537	3025777	3252278	3094253	3421298	3972680	4904174	5440210
新产品销售收入/万元	45351174	50143454	53227016	42163130	43654109	58806719	69951788	67957239
#新产品出口	10731971	7149918	13021817	8251054	8924154	11941326	14289567	13546392
专利情况								
专利申请数/件	20239	17511	17269	18049	16650	19736	22240	26245
#发明专利	6758	5392	5149	6198	5565	6300	7362	11091
有效发明专利数/件	6328	8585	12472	17579	18281	20650	24388	27681
技术获取和技术改造情况								
引进国外技术经费支出/万元	360485	376013	344998	161982	99016	180425	223761	173812
引进技术消化吸收经费支出/万元	29746	6307	4600	2189	4909	5925	6064	5196
购买国内技术经费支出/万元	48940	45856	54684	16686	18198	11438	22645	46680
技术改造经费支出/万元	630284	706714	628000	399077	723308	702369	635349	626258

2-2 规模以上工业企业基本情况（2022 年）

项目	企业数/个	#有 R&D 活动	#有研发机构	#享受研究开发费用加计扣除	#有新产品销售	新产品销售收入/万元
总计	7606	3208	2268	1975	3068	67957239
一、按规模分						
大型企业	178	139	101	108	127	36723615
中型企业	845	631	491	446	591	16662742
小型企业	5763	2349	1632	1375	2276	14219669
微型企业	820	89	44	46	74	351213
二、按隶属关系分						
中央属	148	96	67	59	80	15071288
地方属	328	153	106	88	136	6750568
其他	7130	2959	2095	1828	2852	46135382
三、按登记注册类型分						
内资企业	7191	3041	2177	1853	2908	54971405
国有企业	66	31	23	19	30	735686
集体企业	12	3	2		2	9595
股份合作企业	8	4	3	1	3	5216
联营企业	2	1	2	1	1	250
有限责任公司	892	417	298	259	373	16872185
股份有限公司	88	62	46	38	55	11444670
私营企业	6122	2523	1803	1535	2444	25903804
其他企业	1					
港、澳、台商投资企业	122	56	36	44	51	2295939
合资经营企业（港或澳、台资）	44	22	16	19	23	950801
合作经营企业（港或澳、台资）						
港、澳、台商独资经营企业	73	30	17	23	26	979146
港、澳、台商投资股份有限公司	4	3	2	1	1	227677
其他港、澳、台商投资企业	1	1	1	1	1	138315
外商投资企业	293	111	55	78	109	10689895
中外合资经营企业	126	67	33	49	67	3363870
中外合作经营企业	5	2		1	2	13147
外资企业	150	35	19	23	36	7289486
外商投资股份有限公司	5	4	2	4	2	9245
其他外商投资企业	7	3	1	1	2	14147
四、按行业分						
采矿业	166	21	16	7	20	1055714
煤炭开采和洗选业	18		2	1		
石油和天然气开采业	6	5	2	1	3	1028123
黑色金属矿采选业						
有色金属矿采选业	1					

续表

项目	企业数/个	#有 R&D 活动	#有研发机构	#享受研究开发费用加计扣除	#有新产品销售	新产品销售收入/万元
非金属矿采选业	141	16	12	5	17	27591
开采辅助活动						
其他采矿业						
制造业	7123	3149	2230	1963	3036	66738591
农副食品加工业	509	136	105	60	148	939975
食品制造业	204	64	53	44	77	392702
酒、饮料和精制茶制造业	79	24	27	15	32	153569
烟草制品业	3	2	2		2	21043
纺织业	58	16	17	11	18	89124
纺织服装、服饰业	62	16	9	8	19	150349
皮革、毛皮、羽毛及其制品和制鞋业	58	22	15	9	20	113171
木材加工和木、竹、藤、棕、草制品业	99	20	11	11	24	302573
家具制造业	99	26	18	20	31	165312
造纸和纸制品业	131	51	35	30	41	899778
印刷和记录媒介复制业	120	50	34	30	44	580266
文教、工美、体育和娱乐用品制造业	68	26	22	17	27	166437
石油加工、炼焦和核燃料加工业	17	5	4	2	5	40328
化学原料和化学制品制造业	245	128	98	88	121	3198724
医药制造业	173	114	103	84	104	2937191
化学纤维制造业	10	7	5	4	6	561091
橡胶和塑料制品业	340	158	90	93	144	1277887
非金属矿物制品业	783	253	184	134	226	2512982
黑色金属冶炼和压延加工业	79	21	21	10	22	1905438
有色金属冶炼和压延加工业	153	87	61	48	70	2976923
金属制品业	416	186	138	117	163	1606478
通用设备制造业	438	230	156	150	216	2690832
专用设备制造业	313	179	129	121	163	1547150
汽车制造业	1124	561	373	341	571	19118618
铁路、船舶、航空航天和其他运输设备制造业	480	194	147	126	199	2910620
电气机械和器材制造业	331	171	109	113	167	4515272
计算机、通信和其他电子设备制造业	547	306	199	205	281	13705821
仪器仪表制造业	104	67	46	59	77	837954
其他制造业	14	8	7	7	8	401953
废弃资源综合利用业	55	17	10	3	7	16284
金属制品、机械和设备修理业	11	4	2	3	3	2747
电力、热力、燃气及水生产和供应业	317	38	22	5	12	162934
电力、热力生产和供应业	118	23	11	4	5	121874
燃气生产和供应业	110	10	7		4	33979
水的生产和供应业	89	5	4	1	3	7080

续表

项目	企业数/个	#有R&D活动	#有研发机构	#享受研究开发费用加计扣除	#有新产品销售	新产品销售收入/万元
五、按区县分						
渝中区	2	1				
大渡口区	80	42	27	27	39	1689511
江北区	140	57	29	38	69	10997623
沙坪坝区	227	54	30	52	59	7328085
九龙坡区	487	264	146	164	222	3135516
南岸区	174	88	72	63	91	1846454
北碚区	322	111	71	111	137	2679791
渝北区	437	205	128	156	217	7111032
巴南区	317	115	131	67	120	4079326
涪陵区	312	147	125	74	154	5780856
长寿区	280	120	67	58	119	4004996
江津区	576	213	142	122	206	3473561
合川区	260	74	42	57	87	696799
永川区	348	147	113	102	107	1244610
南川区	140	83	93	28	92	512441
綦江区	283	155	79	64	156	2068823
潼南区	207	117	15	72	46	259584
铜梁区	390	202	155	84	176	1718445
大足区	385	168	130	96	73	808441
荣昌区	395	156	156	129	187	2334296
璧山区	466	240	156	141	268	2781465
万州区	184	56	87	34	63	833225
梁平区	130	54	41	45	52	453616
城口县	16	1		1		
丰都县	82	18	19	5	9	23118
垫江县	146	52	24	26	55	453182
忠　县	85	32	21	15	18	180641
开州区	161	56	44	65	71	996045
云阳县	139	29	28	38	40	156324
奉节县	86	46	41	8	30	39352
巫山县	27	10	3	1	7	9049
巫溪县	26	14	4	1	13	7427
黔江区	48	13	9	7	10	72588
武隆区	47	12	9	4	11	33320
石柱土家族自治县	51	15	17	7	21	82118
秀山土家族苗族自治县	81	33	11	9	35	47519
酉阳土家族苗族自治县	34	4	2	4	5	12019
彭水苗族土家族自治县	35	4	1		3	6040

2-3 规模以上工业企业 R&D 人员（2022 年）

项目	R&D 人员／人	#女性	#研究人员	#全时人员	R&D 人员折合全时当量／人年	#研究人员
总计	123872	27795	38910	90630	83623	26895
一、按规模分						
大型企业	44534	10275	17314	34838	31417	12477
中型企业	37779	8417	10821	26453	25559	7438
小型企业	40197	8803	10251	28242	25936	6740
微型企业	1362	300	524	1097	710	240
二、按隶属关系分						
中央属	20065	4024	9636	15639	14070	6858
地方属	11088	2131	3579	7567	7945	2532
其他	92719	21640	25695	67424	61608	17506
三、按登记注册类型分						
内资企业	108554	23697	34110	78735	73614	23735
国有企业	2500	512	922	2024	1557	531
集体企业	36	12	7	29	32	7
股份合作企业	86	11	11	65	57	7
联营企业	75	9	29	27	43	16
有限责任公司	27933	5795	9922	19392	18574	6718
股份有限公司	14072	2925	6501	11315	10236	4793
私营企业	63852	14433	16718	45883	43116	11663
其他企业						
港、澳、台商投资企业	6343	1651	1760	5237	4498	1286
合资经营企业（港或澳、台资）	1243	170	343	897	767	233
合作经营企业（港或澳、台资）						
港、澳、台商独资经营企业	4730	1433	1327	4050	3440	981
港、澳、台商投资股份有限公司	253	39	70	224	205	57
其他港、澳、台商投资企业	117	9	20	66	85	15
外商投资企业	8975	2447	3040	6658	5511	1874
中外合资经营企业	4305	809	1641	3394	2970	1172
中外合作经营企业	49	6	14	33	33	10
外资企业	3628	1474	1040	2667	2145	587
外商投资股份有限公司	604	111	130	215	305	76
其他外商投资企业	389	47	215	349	59	30
四、按行业分						
采矿业	424	74	160	225	291	106
煤炭开采和洗选业						
石油和天然气开采业	222	45	110	116	145	71
黑色金属矿采选业						
有色金属矿采选业						

续表

项目	R&D 人员/人	#女性	#研究人员	#全时人员	R&D 人员折合全时当量/人年	#研究人员
非金属矿采选业	202	29	50	109	146	35
开采辅助活动						
其他采矿业						
制造业	122322	27579	38326	89834	82671	26525
农副食品加工业	1869	599	420	1179	1129	260
食品制造业	1485	427	399	894	822	207
酒、饮料和精制茶制造业	938	258	201	476	472	112
烟草制品业	22	10	8	20	7	2
纺织业	229	54	58	152	139	35
纺织服装、服饰业	376	209	87	266	289	68
皮革、毛皮、羽毛及其制品和制鞋业	371	135	62	297	216	38
木材加工和木、竹、藤、棕、草制品业	453	123	99	256	250	54
家具制造业	396	87	97	258	250	59
造纸和纸制品业	1353	268	234	1071	948	165
印刷和记录媒介复制业	1106	294	272	724	661	160
文教、工美、体育和娱乐用品制造业	558	229	90	404	396	61
石油加工、炼焦和核燃料加工业	89	22	34	71	35	11
化学原料和化学制品制造业	4480	1036	1405	2777	3094	986
医药制造业	5233	2329	2057	4182	3675	1502
化学纤维制造业	535	89	115	455	387	75
橡胶和塑料制品业	2872	612	634	2080	1837	422
非金属矿物制品业	5767	1213	1209	3613	3645	777
黑色金属冶炼和压延加工业	2527	433	622	1804	1746	439
有色金属冶炼和压延加工业	3380	586	909	1831	2018	537
金属制品业	4519	813	1384	3295	3056	922
通用设备制造业	7493	1348	2188	5028	5300	1570
专用设备制造业	5251	1069	1855	3785	3383	1203
汽车制造业	32182	6064	12153	25397	22569	8719
铁路、船舶、航空航天和其他运输设备制造业	7761	1388	2255	5460	5285	1553
电气机械和器材制造业	5133	1166	1430	3743	3200	932
计算机、通信和其他电子设备制造业	21452	5902	6431	16776	14704	4501
仪器仪表制造业	2752	492	1057	2046	1791	673
其他制造业	1446	263	489	1297	1192	430
废弃资源综合利用业	256	57	59	173	156	42
金属制品、机械和设备修理业	38	4	13	24	18	8
电力、热力、燃气及水生产和供应业	1126	142	424	571	661	264
电力、热力生产和供应业	737	87	305	268	404	176
燃气生产和供应业	305	28	94	240	207	69
水的生产和供应业	84	27	25	63	50	19

续表

项目	R&D 人员/人	#女性	#研究人员	#全时人员	R&D 人员折合全时当量/人年	#研究人员
五、按区县分						
渝中区	127	35	69		96	52
大渡口区	2609	600	968	1881	1914	724
江北区	13196	2706	6463	11703	9624	4683
沙坪坝区	6260	1796	2219	5389	4367	1574
九龙坡区	10575	2030	3265	6611	6529	2056
南岸区	3591	709	1188	2672	2644	885
北碚区	6484	1436	1844	4684	4577	1283
渝北区	13128	2935	4424	9806	8239	2796
巴南区	5755	1144	2143	4078	4481	1666
涪陵区	5994	1528	1557	4053	4256	1123
长寿区	6315	1657	1970	4383	4262	1420
江津区	6911	1280	1890	4970	4337	1174
合川区	1988	502	416	1342	1239	255
永川区	4777	1243	987	3318	3249	685
南川区	1751	348	445	1136	1140	298
綦江区	3421	729	854	2291	2126	559
潼南区	2409	675	586	2024	1651	415
铜梁区	4330	922	1009	3254	2926	709
大足区	3522	815	1128	2756	2609	839
荣昌区	3841	1030	1144	2603	2516	749
璧山区	7770	1456	2122	5556	5251	1532
万州区	1932	437	529	1387	1214	368
梁平区	1298	366	353	847	778	230
城口县	17	5	5	5	12	4
丰都县	240	66	65	183	188	50
垫江县	990	199	260	748	690	193
忠　县	728	162	160	560	406	81
开州区	1111	339	278	709	620	156
云阳县	353	65	83	205	188	42
奉节县	560	81	140	239	286	61
巫山县	154	54	25	89	119	19
巫溪县	165	64	23	140	113	16
黔江区	298	75	73	221	177	44
武隆区	248	80	50	197	182	36
石柱土家族自治县	359	80	76	308	304	65
秀山土家族苗族自治县	552	128	65	218	259	33
酉阳土家族苗族自治县	26	10	10	13	11	5
彭水苗族土家族自治县	87	8	24	51	40	14

2-4 规模以上工业企业 R&D 经费内部支出（2022 年）

单位：万元

项目	R&D经费内部支出	#试验发展支出	#日常性支出	#人员劳务费	资产性支出	#仪器和设备	#政府资金	企业资金	境外资金	其他资金
总计	4793346	4646097	4547776	1495321	245570	239392	129533	4657477	1249	5088
一、按规模分										
大型企业	2167496	2080545	2029828	763387	137669	135808	61127	2102954	456	2960
中型企业	1313362	1288248	1258316	373364	55046	52155	45100	1265979	745	1539
小型企业	1257090	1222621	1206954	344275	50136	48733	9939	1246513	48	589
微型企业	55398	54683	52679	14295	2720	2696	13367	42032		
二、按隶属关系分										
中央属	1078892	997718	1051998	346524	26895	25741	75946	1001093		1853
地方属	444784	435807	407453	160157	37331	37027	18681	426051	52	
其他	3269670	3212573	3088326	988640	181345	176624	34906	3230333	1197	3235
三、按登记注册类型分										
内资企业	4155612	4009911	3924448	1284915	231164	225108	111933	4038580	1249	3850
国有企业	120543	120306	115589	37573	4954	4817	8215	112328		
集体企业	978	978	919	333	58	58		978		
股份合作企业	1715	1715	1715	633				1715		
联营企业	3058	3058	3058	824				3058		
有限责任公司	1253544	1223974	1144069	409353	109475	107693	72445	1178111	52	2937
股份有限公司	580951	507093	574791	238151	6160	6051	15517	565434		
私营企业	2194824	2152788	2084306	598049	110518	106490	15757	2176957	1197	913
其他										
港、澳、台商投资企业										
合资经营企业（港或澳、合资）	212982	212363	209889	71410	3094	3075	3445	209538		
合作经营企业（港或澳、合资）	45510	45159	44781	15905	729	728	2847	42663		

续表

项目	R&D经费内部支出	#试验发展支出	#日常性支出	#人员劳务费	资产性支出	#仪器和设备	#政府资金	企业资金	境外资金	其他资金
港、澳、台商独资经营企业	138130	137861	135781	50044	2350	2333	552	137579		
港、澳、台商投资股份有限公司	26413	26413	26413	3391	16	14	47	26413		
其他港、澳、台商投资企业	2930	2930	2914	2070				2884		
外商投资企业	424752	423823	413440	138996	11312	11208	14155	409359		1238
中外合资经营企业	302402	302327	296268	83873	6134	6040	1155	301247		
中外合作经营企业	1009	1009	1009	411				1009		
外资企业	95938	95364	90783	41854	5155	5145	90	94610		1238
外商投资股份有限公司	12317	12317	12294	7033	24	24		12317		
其他外商投资企业	13086	12807	13086	5826			12909	177		
四、按行业分										
采矿业	52454	51464	50716	6445	1738	1737	175	52280		
煤炭开采和洗选业										
石油和天然气开采业	47349	47349	45902	5316	1447	1447	75	47274		
黑色金属矿采选业										
有色金属矿采选业										
非金属矿采选业	5105	4115	4815	1128	291	289	100	5005		
开采辅助活动										
其他采矿业										
制造业	4692129	4547919	4449088	1478803	243041	237022	129347	4556445	1249	5088
农副食品加工业	63359	61163	62385	11836	975	929	407	62862		90
食品制造业	29302	29025	26388	12525	2914	2871	572	28539		191
酒、饮料和精制茶制造业	16249	16249	15522	6581	728	645	52	16197		
烟草制品业	1110	1110	1109	865	1			1110		

续表

项目	R&D经费内部支出	#试验发展支出	#日常性支出	#人员劳务费	资产性支出	#仪器和设备	#政府资金	企业资金	境外资金	其他资金
纺织业	4287	3960	4082	1771	205	204		4287		
纺织服装、服饰业	10392	10087	9835	3009	557	557	62	10330		
皮革、毛皮、羽毛及其制品和制鞋业	10669	10669	9660	2530	1009	1009	501	10044	124	
木材加工和木、竹、藤、棕、草制品业	16537	15542	15718	4294	820	820	51	16486		
家具制造业	12903	12903	12559	2722	344	344		12903		
造纸和纸制品业	34399	34399	31967	12741	2432	2290	2773	31626		
印刷和记录媒介复制业	39998	39759	38558	9532	1440	1280	54	39944		
文教、工美、体育和娱乐用品制造业	7886	7586	7807	3776	79	74	73	7813		
石油加工、炼焦和核燃料加工业	3423	3423	3341	2055	81	51		3423		
化学原料和化学制品制造业	149991	146037	140684	49906	9308	9075	2325	147667		
医药制造业	208711	203760	186842	68488	21869	21605	2255	206456		
化学纤维制造业	34555	34555	33029	8744	1526	1525	21	34533		
橡胶和塑料制品业	103629	102035	101057	22153	2573	2501	355	103275		
非金属矿物制品业	128820	123107	120206	47814	8614	8415	2654	126166		
黑色金属冶炼和压延加工业	85895	85895	85457	38318	438	422	473	85422		
有色金属冶炼和压延加工业	120006	112186	115892	29899	4115	3480	14855	105151		
金属制品业	183676	175633	174010	38850	9666	9492	3104	180572		
通用设备制造业	288467	286736	278823	82555	9644	9465	25896	262571		
专用设备制造业	229997	227002	223096	56902	6900	6789	6516	223481		
汽车制造业	1513147	1430401	1434682	491907	78465	76968	32744	1479797		607
铁路、船舶、航空航天和其他运输设备制造业	219851	214348	209518	79562	10334	10070	3369	215170	1052	261
电气机械和器材制造业	173608	172701	169341	47827	4267	4138	1408	172200		
计算机、通信和其他电子设备制造业	815038	802565	761358	267691	53680	52201	12519	800983		1535

续表

项目	R&D经费内部支出	#试验发展支出	#日常性支出	#人员劳务费	资产性支出	#仪器和设备	#政府资金	企业资金	境外资金	其他资金
仪器仪表制造业	91775	90855	85724	40624	6051	5793	5138	86497	72	68
其他制造业	86266	86266	82256	30994	4011	4011	11171	72757		2337
废弃资源综合利用业	7691	7517	7691	1982				7691		
金属制品、机械和设备修理业	495	446	495	350				495		
电力、热力、燃气及水生产和供应业	48763	46714	47972	10073	791	633	11	48752		115
电力、热力生产和供应业	38595	36547	38164	7344	432	274	11	38584		
燃气生产和供应业	7973	7973	7708	2214	264	264		7973		
水的生产和供应业	2195	2195	2100	516	95	95		2195		
五、按区县分										
渝中区	11473	11473	11473	2124				11473		
大渡口区	90277	89107	83923	41266	6355	6256	5712	84565		
江北区	703627	625186	699643	268719	3984	3642	25364	678181		82
沙坪坝区	183541	179823	177894	81238	5647	5544	8106	175435		
九龙坡区	332507	328011	317532	117763	14975	14091	45379	285215	456	1457
南岸区	99362	99068	95415	45549	3947	3784	3394	95801	52	115
北碚区	238179	237034	207421	81351	30758	30674	1716	235677		766
渝北区	613235	611471	561705	187829	51530	51231	10137	601792	20	1306
巴南区	269292	266707	249262	82198	20031	19738	4078	265214		
涪陵区	304086	302738	288946	67294	15140	14969	1631	302456		
长寿区	201366	199313	183709	89203	17658	17453	1421	199946		
江津区	247256	242794	238676	68667	8581	7960	2424	243780	596	456
合川区	42249	41453	40765	14891	1484	1395	11	42238		
永川区	195989	194519	188586	36262	7403	7157	5086	190725		179

续表

项目	R&D经费内部支出	#试验发展支出	#日常性支出	#人员劳务费	资产性支出	#仪器和设备	#政府资金	企业资金	境外资金	其他资金
南川区	54993	54174	49818	13207	5176	5090	298	54695		
綦江区	130257	116347	126322	25401	3936	3722	2423	127834		
潼南区	80420	77330	79219	18660	1202	1186	470	79950		
铜梁区	163734	162509	159599	36989	4135	4103	728	163006		
大足区	181976	181976	179766	34422	2210	2147	266	181711		
荣昌区	145639	142777	138400	29281	7239	7071	393	145246		
璧山区	239598	237136	213375	86916	26224	25695	5788	233239	124	447
万州区	38111	35740	37582	13212	529	505	367	37744		
梁平区	44071	40589	41578	12848	2493	1366	441	43438		191
城口县	109	109	109	100				109		
丰都县	9231	9231	9055	1859	176	174	36	9196		
垫江县	22856	18609	22131	8712	725	705	264	22592		
忠　县	36839	34461	36224	4745	615	614	920	35919		
开州区	29595	29417	28899	7778	696	654	1678	27917		
云阳县	21131	16703	20762	1941	369	315	315	20816		
奉节县	16987	16793	16047	3787	941	760	315	16987		
巫山县	1297	1297	1277	779	19	14	1	1296		
巫溪县	2681	2681	2520	803	161	161	10	2671		
黔江区	6168	5752	6068	1831	99	99		6168		
武隆区	4725	4725	4701	1426	25	24		4725		
石柱土家族自治县	8817	8639	7706	2448	1110	1092	115	8612		
秀山土家族苗族自治县	14306	14306	14306	3157			562	13744		90
酉阳土家族苗族自治县	625	625	625	157	625			625		
彭水苗族土家族自治县	6742	5477	6740	511	2			6742		

2-5　规模以上工业企业 R&D 经费外部支出（2022 年）

单位：万元

项目	R&D 经费外部支出	#对境内研究机构支出	对境内高校支出	对境内企业支出	对境外支出
总计	271817	60478	11060	180177	20103
一、按规模分					
大型企业	155706	44319	7883	90223	13281
中型企业	52836	8429	1345	40485	2577
小型企业	24377	7717	1792	14580	288
微型企业	38898	13	40	34889	3957
二、按隶属关系分					
中央属	87340	23294	7634	52604	3808
地方属	7108	267	1213	3765	1864
其他	177369	36916	2214	123808	14432
三、按登记注册类型分					
内资企业	220788	57938	11018	136470	15362
国有企业	5927	1460	1186	3282	
集体企业					
股份合作企业					
联营企业					
有限责任公司	40386	11582	5160	21885	1759
股份有限公司	70521	16750	3267	46696	3808
私营企业	103953	28147	1406	64607	9794
其他企业					
港、澳、台商投资企业	3238	2506	38	251	444
合资经营企业（港或澳、台资）	345	56	38	251	
合作经营企业（港或澳、台资）					
港、澳、台商独资经营企业	2893	2449			444
港、澳、台商投资股份有限公司					
其他港、澳、台商投资企业					
外商投资企业	47791	34	3	43457	4298
中外合资经营企业	7888	29	3	7648	207
中外合作经营企业					
外资企业	1384	5		1246	134
外商投资股份有限公司					
其他外商投资企业	38520			34563	3957
四、按行业分					
采矿业	1101	1023	77		
煤炭开采和洗选业					
石油和天然气开采业	1101	1023	77		
黑色金属矿采选业					
有色金属矿采选业					

续表

项目	R&D 经费外部支出	#对境内研究机构支出	对境内高校支出	对境内企业支出	对境外支出
非金属矿采选业					
开采辅助活动					
其他采矿业					
制造业	265241	57977	9938	177223	20103
农副食品加工业	2886	2659	168	59	
食品制造业	2520		325	2195	
酒、饮料和精制茶制造业	280			280	
烟草制品业	75	75			
纺织业	32		32		
纺织服装、服饰业					
皮革、毛皮、羽毛及其制品和制鞋业	258			258	
木材加工和木、竹、藤、棕、草制品业	8			8	
家具制造业					
造纸和纸制品业					
印刷和记录媒介复制业	216		106	111	
文教、工美、体育和娱乐用品制造业	7		7		
石油加工、炼焦和核燃料加工业	1355	24	157	230	944
化学原料和化学制品制造业	4340	1427	256	2520	136
医药制造业	37786	8716	58	28360	652
化学纤维制造业					
橡胶和塑料制品业	2135	1161	498	476	
非金属矿物制品业	1746	1249	38	459	
黑色金属冶炼和压延加工业	490		490		
有色金属冶炼和压延加工业	1301	1058	8	235	
金属制品业	776	493		283	
通用设备制造业	12821	225	334	12048	214
专用设备制造业	35689	20431	669	14589	
汽车制造业	117701	15980	3232	91518	6971
铁路、船舶、航空航天和其他运输设备制造业	5474	206	43	1416	3809
电气机械和器材制造业	6838	2	445	1834	4556
计算机、通信和其他电子设备制造业	20581	696	982	16083	2820
仪器仪表制造业	1598	232	409	957	
其他制造业	8332	3344	1682	3306	
废弃资源综合利用业					
金属制品、机械和设备修理业					
电力、热力、燃气及水生产和供应业	5476	1477	1045	2954	
电力、热力生产和供应业	5476	1477	1045	2954	
燃气生产和供应业					
水的生产和供应业					

项目	R&D 经费 外部支出	#对境内研究 机构支出	对境内 高校支出	对境内 企业支出	对境外 支出
五、按区县分					
渝中区	4170	1435	1045	1690	
大渡口区	22599	20286	410	959	944
江北区	103127	11352	2590	82348	6838
沙坪坝区	12122	1895	285	5341	4602
九龙坡区	22767	3232	1511	14864	3160
南岸区	8360	4099	231	3876	155
北碚区	8849	22	48	7207	1573
渝北区	36943	4651	1306	30980	6
巴南区	209	183		26	
涪陵区	10350	7520	935	1759	136
长寿区	17920	94	669	16505	652
江津区	2359	86	593	572	1107
合川区	2923			2790	134
永川区	583	8	35	512	27
南川区	81		25	56	
綦江区	453			453	
潼南区	17		17		
铜梁区	787	495	27	266	
大足区	615	86	65	464	
荣昌区	1631	195		1436	
璧山区	10656	4159	1067	4660	770
万州区	425	46	33	346	
梁平区	90		90		
城口县					
丰都县					
垫江县	715	8	65	642	
忠 县	11	4	5	2	
开州区					
云阳县	1330	531		799	
奉节县	561	20	8	534	
巫山县	5	5			
巫溪县					
黔江区	8	1		7	
武隆区	63	31		31	
石柱土家族自治县	1065	11		1055	
秀山土家族苗族自治县	7	7			
酉阳土家族苗族自治县	18	18			
彭水苗族土家族自治县					

2-6 规模以上工业企业 R&D 项目（2022 年）

项目	项目数/项	参加项目人员/人	项目人员折合全时当量/人年	项目经费内部支出/万元	#政府资金
总计	16029	115357	83518	5200995	76176
一、按规模分					
大型企业	3536	41700	31417	2371594	39485
中型企业	4726	35331	25547	1424446	29772
小型企业	7558	37086	25850	1318340	6419
微型企业	209	1240	704	86616	500
二、按登记注册类型分					
内资企业	14845	101436	73516	4508901	71235
国有企业	447	2342	1557	117781	6877
集体企业	3	34	32	989	
股份合作企业	7	81	57	1763	
联营企业	16	67	43	3059	
有限责任公司	3774	26232	18564	1246756	43781
股份有限公司	1066	13134	10236	758825	10322
私营企业	9532	59546	43027	2379728	10254
其他企业					
港、澳、台商投资企业	370	5497	4492	227711	4747
合资经营企业（港或澳、台资）	137	1194	761	51818	4433
合作经营企业（港或澳、台资）					
港、澳、台商独资经营企业	168	3949	3440	145683	268
港、澳、台商投资股份有限公司	58	242	205	27091	
其他港、澳、台商投资企业	7	112	85	3118	47
外商投资企业	814	8424	5511	464383	194
中外合资经营企业	463	4004	2970	311859	154
中外合作经营企业	5	45	33	1113	
外资企业	259	3453	2145	94026	40
外商投资股份有限公司	79	549	305	13396	
其他外商投资企业	8	373	59	43990	
三、按行业分					
采矿业	76	396	291	51299	142
煤炭开采和洗选业					
石油和天然气开采业	50	212	145	46068	42
黑色金属矿采选业					
有色金属矿采选业					
非金属矿采选业	26	184	146	5231	100
开采辅助活动					
其他采矿业					

项目	项目数 /项	参加项目 人员/人	项目人员 折合全时当量 /人年	项目经费 内部支出 /万元	#政府资金
制造业	15757	113915	82567	5102178	76034
农副食品加工业	266	1723	1128	69429	313
食品制造业	198	1385	822	32454	519
酒、饮料和精制茶制造业	92	859	472	17476	50
烟草制品业	4	21	7	306	
纺织业	35	213	139	4973	
纺织服装、服饰业	42	356	289	10402	62
皮革、毛皮、羽毛及其制品和制鞋业	51	346	216	9810	531
木材加工和木、竹、藤、棕、草制品业	57	398	250	16601	51
家具制造业	69	354	247	13273	
造纸和纸制品业	164	1277	948	39639	4428
印刷和记录媒介复制业	177	1017	661	43736	36
文教、工美、体育和娱乐用品制造业	57	536	396	9387	65
石油加工、炼焦和核燃料加工业	25	82	35	5255	
化学原料和化学制品制造业	700	4216	3088	161697	1734
医药制造业	779	4996	3673	220703	1474
化学纤维制造业	38	531	387	35093	21
橡胶和塑料制品业	517	2664	1836	111515	174
非金属矿物制品业	827	5292	3632	136152	2020
黑色金属冶炼和压延加工业	381	2469	1746	106836	180
有色金属冶炼和压延加工业	438	3183	2018	126766	231
金属制品业	930	4178	3047	187536	1843
通用设备制造业	1046	7031	5300	298255	21549
专用设备制造业	915	4906	3364	270502	5622
汽车制造业	3304	29935	22523	1702425	8296
铁路、船舶、航空航天和其他运输设备制造业	987	7265	5283	235435	1611
电气机械和器材制造业	738	4637	3200	195400	574
计算机、通信和其他电子设备制造业	2183	19848	14704	852175	7289
仪器仪表制造业	457	2546	1791	87312	9962
其他制造业	229	1382	1192	92366	7400
废弃资源综合利用业	45	234	155	8761	
金属制品、机械和设备修理业	6	35	18	508	
电力、热力、燃气及水生产和供应业	196	1046	661	47518	
电力、热力生产和供应业	161	684	403	36693	
燃气生产和供应业	24	283	207	8586	
水的生产和供应业	11	79	50	2239	

续表

项目	项目数/项	参加项目人员/人	项目人员折合全时当量/人年	项目经费内部支出/万元	#政府资金
四、按区县分					
渝中区	71	119	96	6485	
大渡口区	424	2445	1914	113308	5096
江北区	545	12385	9624	901531	7234
沙坪坝区	435	5401	4367	195428	4066
九龙坡区	1480	9734	6515	361590	31245
南岸区	649	3385	2644	105030	1004
北碚区	978	6178	4561	234160	1976
渝北区	1599	12286	8236	605432	6799
巴南区	809	5456	4478	281277	3926
涪陵区	665	5801	4256	329609	1448
长寿区	839	6011	4258	205558	966
江津区	1005	6363	4321	270015	1951
合川区	267	1821	1239	47000	
永川区	655	4520	3247	214977	5389
南川区	253	1624	1140	56959	266
綦江区	514	3109	2110	130328	365
潼南区	510	2155	1651	85975	500
铜梁区	779	4095	2926	171422	514
大足区	621	3305	2609	195547	172
荣昌区	547	3629	2516	153385	354
璧山区	1199	7215	5245	254124	85
万州区	224	1682	1204	41782	106
梁平区	161	1228	778	48851	130
城口县	1	15	12	109	
丰都县	29	220	188	9383	6
垫江县	166	927	690	25117	100
忠　县	86	670	405	38111	151
开州区	149	1012	620	29813	1523
云阳县	58	320	188	23471	155
奉节县	76	525	286	18061	
巫山县	18	141	119	1381	1
巫溪县	18	154	113	2931	10
黔江区	32	253	174	5960	
武隆区	33	218	171	5893	
石柱土家族自治县	34	342	304	9003	96
秀山土家族苗族自治县	87	511	259	14743	542
酉阳土家族苗族自治县	6	23	11	689	
彭水苗族土家族自治县	7	79	40	6560	

2-7 规模以上工业企业创办研发机构情况（2022年）

项目	机构数 /个	机构人员 /人	#博士和硕士	机构经费 支出 /万元	仪器和 设备原价 /万元
总计	2469	88031	10316	4262516	6497280
一、按规模分					
大型企业	165	30225	5683	1944430	1609039
中型企业	567	28840	2314	1292410	1130111
小型企业	1692	28434	2224	995003	3746795
微型企业	45	532	95	30674	11335
二、按隶属关系分					
中央属	128	15193	3940	1141440	772501
地方属	142	8280	1433	390934	255927
其他	2199	64558	4943	2730142	5468852
三、按登记注册类型分					
内资企业	2370	80305	9818	3803968	6279781
国有企业	39	2355	433	112702	230891
集体企业	2	26	6	1220	613
股份合作企业	3	72	2	1725	1018
联营企业	2	42	2	3454	915
有限责任公司	365	20288	3162	908265	3987621
股份有限公司	81	10600	2510	750251	426499
私营企业	1878	46922	3703	2026353	1632224
其他企业					
港、澳、台商投资企业	40	2350	84	105535	48413
合资经营企业（港或澳、台资）	18	767	58	23094	27373
合作经营企业（港或澳、台资）					
港、澳、台商独资经营企业	19	1229	16	48168	11741
港、澳、台商投资股份有限公司	2	219	9	26979	6915
其他港、澳、台商投资企业	1	135	1	7294	2385
外商投资企业	59	5376	414	353013	169086
中外合资经营企业	36	2821	369	264333	102076
中外合作经营企业					
外资企业	19	2174	38	81133	59774
外商投资股份有限公司	3	369	7	7320	7208
其他外商投资企业	1	12		228	27
四、按行业分					
采矿业	16	180	49	13305	4999
煤炭开采和洗选业	2	13	2	50	84
石油和天然气开采业	2	66	37	10895	1328
黑色金属矿采选业					
有色金属矿采选业					

续表

项目	机构数/个	机构人员/人	#博士和硕士	机构经费支出/万元	仪器和设备原价/万元
非金属矿采选业	12	101	10	2361	3587
开采辅助活动					
其他采矿业					
制造业	2431	87275	10213	4231428	6484641
农副食品加工业	116	1301	110	47825	30386
食品制造业	57	1115	90	35859	36816
酒、饮料和精制茶制造业	27	806	38	23845	25668
烟草制品业	2	117	41	10813	15376
纺织业	18	242	16	9669	5417
纺织服装、服饰业	9	208	6	7454	7418
皮革、毛皮、羽毛及其制品和制鞋业	15	249	6	3833	3459
木材加工和木、竹、藤、棕、草制品业	13	240	20	8917	6964
家具制造业	18	319	8	8306	4188
造纸和纸制品业	35	940	31	45947	16873
印刷和记录媒介复制业	35	673	74	23725	35235
文教、工美、体育和娱乐用品制造业	23	505	31	13941	3853
石油加工、炼焦和核燃料加工业	4	69	32	6438	6708
化学原料和化学制品制造业	114	3652	287	185300	200905
医药制造业	115	5415	1265	240403	150962
化学纤维制造业	5	543	10	36621	19291
橡胶和塑料制品业	93	1732	73	70303	3094932
非金属矿物制品业	191	3759	234	143278	138781
黑色金属冶炼和压延加工业	23	1108	125	133755	56856
有色金属冶炼和压延加工业	64	1863	251	154095	82959
金属制品业	141	2848	220	122052	79647
通用设备制造业	181	5616	575	234571	212346
专用设备制造业	143	4436	674	180398	114051
汽车制造业	399	23527	2947	1380850	809148
铁路、船舶、航空航天和其他运输设备制造业	158	5688	325	175664	174457
电气机械和器材制造业	115	3862	460	214052	72987
计算机、通信和其他电子设备制造业	223	12067	1255	544530	856608
仪器仪表制造业	64	2826	659	83808	54774
其他制造业	18	1250	344	78793	164497
废弃资源综合利用业	10	159	2	4733	2126
金属制品、机械和设备修理业	2	140	4	1650	958
电力、热力、燃气及水生产和供应业	22	576	54	17783	7640
电力、热力生产和供应业	11	276	12	12808	4690
燃气生产和供应业	7	234	36	3552	1760
水的生产和供应业	4	66	6	1423	1190

续表

项目	机构数/个	机构人员/人	#博士和硕士	机构经费支出/万元	仪器和设备原价/万元
五、按区县分					
渝中区					
大渡口区	36	1852	450	97229	56326
江北区	45	9430	1908	687965	300334
沙坪坝区	45	3243	413	123348	121981
九龙坡区	163	5940	800	224034	177943
南岸区	88	3451	430	108837	129195
北碚区	81	4870	858	217493	153312
渝北区	147	10502	1557	563219	490488
巴南区	143	4882	365	172402	563267
涪陵区	132	5301	241	338895	3304762
长寿区	77	3648	760	159892	104965
江津区	159	5427	495	258488	181002
合川区	47	1544	89	49379	39663
永川区	114	3358	113	199951	160383
南川区	95	1538	94	65863	29254
綦江区	79	1811	138	90572	50579
潼南区	16	269	16	13971	6407
铜梁区	157	3021	80	161562	84271
大足区	130	2367	85	200241	102463
荣昌区	166	3252	438	142551	58056
璧山区	162	5680	553	214148	193961
万州区	95	2111	122	52757	44002
梁平区	45	1039	36	31112	70346
城口县					
丰都县	19	223	18	3102	2189
垫江县	25	622	51	15084	8134
忠　县	30	486	28	23620	12441
开州区	46	720	80	15623	16999
云阳县	29	298	35	7900	9910
奉节县	41	270	31	3371	9608
巫山县	3	28	4	425	164
巫溪县	4	48	1	1025	552
黔江区	9	138		2858	2558
武隆区	9	143	7	4046	2375
石柱土家族自治县	18	429	15	7674	5026
秀山土家族苗族自治县	11	54		2865	3786
酉阳土家族苗族自治县	2	21	5	823	409
彭水苗族土家族自治县	1	15		192	169

2-8　规模以上工业企业新产品开发和销售（2022 年）

项目	新产品开发项目数/项	新产品开发经费支出/万元	新产品销售收入/万元	#出口
总计	22057	5440210	67957239	13546392
一、按规模分				
大型企业	3983	2192915	36723615	11343252
中型企业	6474	1606395	16662742	1472831
小型企业	11256	1554785	14219669	722839
微型企业	344	86115	351213	7471
二、按隶属关系分				
中央属	2275	980531	15071288	1056408
地方属	2213	589979	6750568	1183389
其他	17569	3869700	46135382	11306595
三、按登记注册类型分				
内资企业	20408	4758323	54971405	5967166
国有企业	471	127319	735686	21639
集体企业	5	1915	9595	
股份合作企业	9	1767	5216	
联营企业	16	4421	250	125
有限责任公司	5033	1431055	16872185	2012483
股份有限公司	1318	518877	11444670	901374
私营企业	13556	2672969	25903804	3031546
其他企业				
港、澳、台商投资企业	432	211689	2295939	495883
合资经营企业（港或澳、台资）	188	67806	950801	176584
合作经营企业（港或澳、台资）				
港、澳、台商独资经营企业	171	109975	979146	318088
港、澳、台商投资股份有限公司	62	26804	227677	1211
其他港、澳、台商投资企业	11	7103	138315	
外商投资企业	1217	470199	10689895	7083343
中外合资经营企业	758	348784	3363870	237184
中外合作经营企业	9	1430	13147	1004
外资企业	340	75336	7289486	6845155
外商投资股份有限公司	97	12623	9245	
其他外商投资企业	13	32026	14147	
四、按行业分				
采矿业	81	50965	1055714	
煤炭开采和洗选业	1	64		
石油和天然气开采业	63	46942	1028123	
黑色金属矿采选业				
有色金属矿采选业				

续表

项目	新产品开发项目数/项	新产品开发经费支出/万元	新产品销售收入/万元	#出口
非金属矿采选业	17	3959	27591	
开采辅助活动				
其他采矿业				
制造业	21721	5347855	66738591	13546392
农副食品加工业	409	77094	939975	9789
食品制造业	273	53403	392702	35775
酒、饮料和精制茶制造业	112	27883	153569	234
烟草制品业	27	3681	21043	
纺织业	47	8903	89124	5558
纺织服装、服饰业	36	10246	150349	3062
皮革、毛皮、羽毛及其制品和制鞋业	64	12135	113171	4097
木材加工和木、竹、藤、棕、草制品业	99	17881	302573	
家具制造业	129	15300	165312	2401
造纸和纸制品业	174	67981	899778	10384
印刷和记录媒介复制业	174	37008	580266	32579
文教、工美、体育和娱乐用品制造业	88	20523	166437	34446
石油加工、炼焦和核燃料加工业	46	5795	40328	
化学原料和化学制品制造业	735	217361	3198724	368502
医药制造业	1328	233565	2937191	706592
化学纤维制造业	46	37413	561091	21557
橡胶和塑料制品业	617	108644	1277887	23596
非金属矿物制品业	965	195841	2512982	42332
黑色金属冶炼和压延加工业	363	229239	1905438	
有色金属冶炼和压延加工业	505	233282	2976923	24841
金属制品业	1033	176935	1606478	136404
通用设备制造业	1512	314673	2690832	354202
专用设备制造业	1700	209495	1547150	119188
汽车制造业	4865	1510631	19118618	1045492
铁路、船舶、航空航天和其他运输设备制造业	1509	251750	2910620	895435
电气机械和器材制造业	1094	250868	4515272	216649
计算机、通信和其他电子设备制造业	2662	808331	13705821	9408974
仪器仪表制造业	844	121285	837954	23805
其他制造业	221	83855	401953	20500
废弃资源综合利用业	37	6595	16284	
金属制品、机械和设备修理业	7	259	2747	
电力、热力、燃气及水生产和供应业	255	41390	162934	
电力、热力生产和供应业	225	34117	121874	
燃气生产和供应业	20	5650	33979	
水的生产和供应业	10	1623	7080	

续表

项目	新产品开发项目数/项	新产品开发经费支出/万元	新产品销售收入/万元	#出口
五、按区县分				
渝中区	131	15492		
大渡口区	604	93591	1689511	48694
江北区	1032	620822	10997623	1058006
沙坪坝区	641	128583	7328085	6162071
九龙坡区	1709	348760	3135516	776509
南岸区	1112	115739	1846454	54773
北碚区	1877	301196	2679791	1079925
渝北区	3045	737969	7111032	965741
巴南区	1079	274415	4079326	930864
涪陵区	888	410162	5780856	352391
长寿区	824	285002	4004996	964893
江津区	1388	333923	3473561	198699
合川区	584	67535	696799	153719
永川区	774	251472	1244610	102689
南川区	272	67196	512441	650
綦江区	435	126400	2068823	15866
潼南区	522	92227	259584	10663
铜梁区	821	181970	1718445	122955
大足区	658	213457	808441	29389
荣昌区	718	189379	2334296	102753
璧山区	1537	260571	2781465	357104
万州区	287	59146	833225	2433
梁平区	163	60342	453616	17980
城口县				
丰都县	51	11067	23118	4240
垫江县	138	25561	453182	1745
忠　县	100	29423	180641	9667
开州区	236	38796	996045	3956
云阳县	58	21739	156324	276
奉节县	65	18022	39352	
巫山县	16	1344	9049	1164
巫溪县	24	2867	7427	
黔江区	67	7029	72588	4346
武隆区	56	6675	33320	3668
石柱土家族自治县	36	11271	82118	5482
秀山土家族苗族自治县	92	21544	47519	
酉阳土家族苗族自治县	9	1028	12019	3082
彭水苗族土家族自治县	8	8497	6040	

2-9 规模以上工业企业申请、转让专利情况（2022 年）

项目	专利申请数/件	#发明专利	有效发明专利数/件	专利所有权转让及许可数/件	专利所有权转让及许可收入/万元
总计	26245	11091	27681	28416	118174
一、按规模分					
大型企业	10579	6627	10271	163	5889
中型企业	5443	1832	6165	26158	30470
小型企业	9600	2400	11080	2091	81815
微型企业	623	232	165	4	
二、按隶属关系分					
中央属	7574	5212	6116	125	27387
地方属	2142	893	2226	35	15000
其他	16529	4986	19339	28256	75787
三、按登记注册类型分					
内资企业	24370	10554	25967	28397	118174
国有企业	850	510	788	5	7272
集体企业					
股份合作企业			10		
联营企业	17	1	48		
有限责任公司	6042	2876	7879	1562	54797
股份有限公司	5500	3757	3300	185	7149
私营企业	11961	3410	13942	26645	48956
其他企业					
港、澳、台商投资企业	301	41	608		
合资经营企业（港或澳、台资）	152	26	332		
合作经营企业（港或澳、台资）					
港、澳、台商独资经营企业	110	15	255		
港、澳、台商投资股份有限公司	34		14		
其他港、澳、台商投资企业	5		7		
外商投资企业	1574	496	1106	19	
中外合资经营企业	647	207	702		
中外合作经营企业	8	4	35		
外资企业	299	64	361	19	
外商投资股份有限公司	92	17	7		
其他外商投资企业	528	204	1		
四、按行业分					
采矿业	17	6	47		
煤炭开采和洗选业	2				
石油和天然气开采业	14	6	40		
黑色金属矿采选业					
有色金属矿采选业					

续表

项目	专利申请数/件	#发明专利	有效发明专利数/件	专利所有权转让及许可数/件	专利所有权转让及许可收入/万元
非金属矿采选业	1		7		
开采辅助活动					
其他采矿业					
制造业	25552	10795	26838	28413	118158
农副食品加工业	339	93	375	20	
食品制造业	279	114	359	2	1
酒、饮料和精制茶制造业	83	12	46	20	
烟草制品业	195	85	80		
纺织业	58	10	67		
纺织服装、服饰业	28	3	31		
皮革、毛皮、羽毛及其制品和制鞋业	39	6	42		
木材加工和木、竹、藤、棕、草制品业	110	29	163		
家具制造业	82	10	137	2	
造纸和纸制品业	200	30	137	20	
印刷和记录媒介复制业	258	60	395	41	
文教、工美、体育和娱乐用品制造业	70	14	40	2	
石油加工、炼焦和核燃料加工业	35	28	90		
化学原料和化学制品制造业	714	258	809	20	14150
医药制造业	622	266	1349	43	
化学纤维制造业	23	4	25		
橡胶和塑料制品业	571	135	728	15	1600
非金属矿物制品业	1044	321	1210	15	19759
黑色金属冶炼和压延加工业	506	316	260	6	
有色金属冶炼和压延加工业	411	152	1013	32	15000
金属制品业	760	219	797	53	25656
通用设备制造业	1836	562	1671	21	
专用设备制造业	1693	457	1748	26	484
汽车制造业	8459	4474	5312	26290	5890
铁路、船舶、航空航天和其他运输设备制造业	1433	352	1465	1580	7252
电气机械和器材制造业	1539	685	1733	160	80
计算机、通信和其他电子设备制造业	2483	1063	4521	31	28286
仪器仪表制造业	1179	616	1577	14	
其他制造业	452	407	605		
废弃资源综合利用业	28	11	17		
金属制品、机械和设备修理业	23	3	36		
电力、热力、燃气及水生产和供应业	676	290	796	3	16
电力、热力生产和供应业	623	272	760	3	16
燃气生产和供应业	17	5	27		
水的生产和供应业	36	13	9		

续表

项目	专利申请数/件数	#发明专利	有效发明专利数/件	专利所有权转让及许可数/件	专利所有权转让及许可收入/万元
五、按区县分					
渝中区	413	218	704		
大渡口区	771	286	834	5	
江北区	6164	4151	3345	133	6344
沙坪坝区	568	236	823		
九龙坡区	2144	901	3239	152	21911
南岸区	997	379	1091		
北碚区	1091	411	1927	3	
渝北区	2694	1076	3583	108	81
巴南区	1244	345	2082	22	
涪陵区	641	142	733	45	29150
长寿区	1095	561	1474	65	1200
江津区	1438	354	1224	31	36
合川区	588	169	687	9	
永川区	467	105	523	6	
南川区	223	64	304	27	
綦江区	395	92	361	18	26043
潼南区	120	40	144	23	23
铜梁区	724	144	699	46	
大足区	222	62	226	11	
荣昌区	360	114	346	5	
璧山区	1860	745	1422	27605	
万州区	574	166	473	31	
梁平区	279	112	231	17	5100
城口县			3		
丰都县	20	4	83	1	
垫江县	132	22	210	7	28286
忠　县	67	13	111	21	
开州区	382	68	223	1	
云阳县	78	18	119	8	
奉节县	74	31	109		
巫山县			16	2	
巫溪县	35	4	6		
黔江区	58	10	111	5	
武隆区	85	8	67		
石柱土家族自治县	98	21	61		
秀山土家族苗族自治县	112	11	16		
酉阳土家族苗族自治县	12	4	60		
彭水苗族土家族自治县	20	4	11	9	

2-10 规模以上工业企业自主知识产权其他相关情况（2022 年）

项目	拥有注册商标/件	发表科技论文/篇	形成国家或行业标准/项
总计	22584	1730	555
一、按规模分			
大型企业	7310	702	117
中型企业	6893	791	294
小型企业	7741	237	144
微型企业	640		
二、按隶属关系分			
中央属	3858	1139	214
地方属	3068	304	38
其他	15658	287	303
三、按登记注册类型分			
内资企业	21053	1703	533
国有企业	309	156	35
集体企业	19		
股份合作企业	15		
联营企业	11		
有限责任公司	4451	1184	205
股份有限公司	4585	255	84
私营企业	11663	108	209
其他企业			
港、澳、台商投资企业	395	13	5
合资经营企业（港或澳、台资）	165	13	
合作经营企业（港或澳、台资）			
港、澳、台商独资经营企业	44		5
港、澳、台商投资股份有限公司	186		
其他港、澳、台商投资企业			
外商投资企业	1136	14	17
中外合资经营企业	575	11	15
中外合作经营企业			
外资企业	6	3	2
外商投资股份有限公司	13		
其他外商投资企业	542		
四、按行业分			
采矿业	68	46	1
煤炭开采和洗选业			
石油和天然气开采业		44	1
黑色金属矿采选业			
有色金属矿采选业			

项目	拥有注册商标 /件	发表科技论文 /篇	形成国家或行业标准 /项
非金属矿采选业	68	2	
开采辅助活动			
其他采矿业			
制造业	22510	1581	548
农副食品加工业	769	7	4
食品制造业	1555	1	7
酒、饮料和精制茶制造业	310		
烟草制品业	508	36	
纺织业	10		
纺织服装、服饰业	148		
皮革、毛皮、羽毛及其制品和制鞋业	67		
木材加工和木、竹、藤、棕、草制品业	306	1	1
家具制造业	742		
造纸和纸制品业	274	1	1
印刷和记录媒介复制业	57	2	1
文教、工美、体育和娱乐用品制造业	44		3
石油加工、炼焦和核燃料加工业	26	11	
化学原料和化学制品制造业	1336	186	24
医药制造业	4127	44	82
化学纤维制造业	12		3
橡胶和塑料制品业	164	12	15
非金属矿物制品业	1102	21	11
黑色金属冶炼和压延加工业	47	32	4
有色金属冶炼和压延加工业	317	82	95
金属制品业	109	26	11
通用设备制造业	903	287	21
专用设备制造业	1789	59	5
汽车制造业	4377	103	59
铁路、船舶、航空航天和其他运输设备制造业	1477	107	30
电气机械和器材制造业	639	56	19
计算机、通信和其他电子设备制造业	706	86	67
仪器仪表制造业	530	344	69
其他制造业	56	77	16
废弃资源综合利用业	3		
金属制品、机械和设备修理业			
电力、热力、燃气及水生产和供应业	6	103	6
电力、热力生产和供应业		90	6
燃气生产和供应业	6	12	
水的生产和供应业		1	

续表

项目	拥有注册商标/件	发表科技论文/篇	形成国家或行业标准/项
五、按区县分			
渝中区			
大渡口区	524	48	5
江北区	3401	167	52
沙坪坝区	458	52	43
九龙坡区	1736	578	16
南岸区	1316	93	20
北碚区	1743	62	125
渝北区	4542	117	92
巴南区	1152	29	13
涪陵区	578	141	14
长寿区	952	57	16
江津区	983	86	23
合川区	1253	31	5
永川区	426	57	19
南川区	100	29	3
綦江区	439	22	9
潼南区	66		
铜梁区	380	12	11
大足区	73		9
荣昌区	357	12	2
璧山区	462	31	7
万州区	380	14	12
梁平区	106		4
城口县			
丰都县	22		
垫江县	213	5	38
忠　县	80	1	1
开州区	349	2	
云阳县	132		6
奉节县	70	10	1
巫山县	4		1
巫溪县	15		
黔江区	45		
武隆区	46	31	
石柱土家族自治县	86	43	8
秀山土家族苗族自治县	66		
酉阳土家族苗族自治县	29		
彭水苗族土家族自治县			

2-11 规模以上工业企业技术获取和技术改造（2022 年）

单位：万元

项目	技术改造 经费支出	购买境内技术 经费支出	引进境外技术 经费支出	引进境外技术的 消化吸收经费支出
总计	626258	46680	173812	5196
一、按规模分				
大型企业	424008	7009	168849	1258
中型企业	132631	37228	3833	3938
小型企业	69341	2443	1131	
微型企业	278			
二、按隶属关系分				
中央属	99958	243	157602	
地方属	294202	1295		5196
其他	232099	45142	16209	
三、按登记注册类型分				
内资企业	561302	43992	10307	5196
国有企业	9371	20		
集体企业	18			
股份合作企业				
联营企业	1389			
有限责任公司	173238	7155	534	3938
股份有限公司	232487	23038		1258
私营企业	144799	13780	9773	
其他企业				
港、澳、台商投资企业	3502	672		
合资经营企业（港或澳、台资）	1230	672		
合作经营企业（港或澳、台资）				
港、澳、台商独资经营企业	2273			
港、澳、台商投资股份有限公司				
其他港、澳、台商投资企业				
外商投资企业	61454	2016	163505	
中外合资经营企业	57083		160658	
中外合作经营企业				
外资企业	4372	2016	2848	
外商投资股份有限公司				
其他外商投资企业				
四、按行业分				
采矿业	6494	229		
煤炭开采和洗选业				
石油和天然气开采业				
黑色金属矿采选业				
有色金属矿采选业				

续表

项目	技术改造经费支出	购买境内技术经费支出	引进境外技术经费支出	引进境外技术的消化吸收经费支出
非金属矿采选业	6494	229		
开采辅助活动				
其他采矿业				
制造业	614522	46427	173812	5196
农副食品加工业	3521	7		
食品制造业	3541			
酒、饮料和精制茶制造业	185			
烟草制品业	30			
纺织业				
纺织服装、服饰业	43			
皮革、毛皮、羽毛及其制品和制鞋业	213			
木材加工和木、竹、藤、棕、草制品业	1389	52		
家具制造业	41			
造纸和纸制品业	2734			
印刷和记录媒介复制业	1163	19		
文教、工美、体育和娱乐用品制造业	62			
石油加工、炼焦和核燃料加工业	368			
化学原料和化学制品制造业	127646	21507	76	
医药制造业	15325	19982	520	
化学纤维制造业	9			
橡胶和塑料制品业	3764	41		
非金属矿物制品业	27597	126	28	
黑色金属冶炼和压延加工业	168836	2		
有色金属冶炼和压延加工业	3005	672		
金属制品业	3073	97	17	
通用设备制造业	34697	278	2979	
专用设备制造业	9584	155		3938
汽车制造业	126007	1671	157616	1258
铁路、船舶、航空航天和其他运输设备制造业	16575	220	136	
电气机械和器材制造业	31386	896	8668	
计算机、通信和其他电子设备制造业	9012	599	3773	
仪器仪表制造业	10160	103		
其他制造业	14143			
废弃资源综合利用业	416			
金属制品、机械和设备修理业				
电力、热力、燃气及水生产和供应业	5242	24		
电力、热力生产和供应业	4606	24		
燃气生产和供应业				
水的生产和供应业	636			

续表

项目	技术改造 经费支出	购买境内技术 经费支出	引进境外技术 经费支出	引进境外技术的 消化吸收经费支出
五、按区县分				
渝中区				
大渡口区	7964			3938
江北区	23233			
沙坪坝区	30510	650	8930	
九龙坡区	16664	46		1258
南岸区	17932	60		
北碚区	19423	2300		
渝北区	78580	5381	157099	
巴南区	12066	40	14	
涪陵区	30660	21620	2820	
长寿区	181247	233	76	
江津区	16112	1061	3876	
合川区	10632	11418		
永川区	6379	674		
南川区	118			
綦江区	13623	155		
潼南区	626			
铜梁区	5838	146	17	
大足区	244			
荣昌区	2131	885		
璧山区	17400	850	870	
万州区	101403	1081		
梁平区	134	10	110	
城口县				
丰都县	73			
垫江县	3269	26		
忠　县	2696			
开州区	7116			
云阳县	9674			
奉节县	476	19		
巫山县				
巫溪县				
黔江区	1202			
武隆区	559	4		
石柱土家族自治县	4570	24		
秀山土家族苗族自治县	3235			
酉阳土家族苗族自治县	278			
彭水苗族土家族自治县	192			

2-12 规模以上工业企业相关政策落实情况（2022年）

单位：万元

项目	研究开发费用加计扣除减免税	高新技术企业减免税
总计	361216	119546
一、按规模分		
大型企业	159653	41778
中型企业	103210	48074
小型企业	93668	29667
微型企业	4685	27
二、按隶属关系分		
中央属	50583	6688
地方属	47484	12658
其他	263148	100200
三、按登记注册类型分		
内资企业	303826	95852
国有企业	10708	808
集体企业		
股份合作企业	60	
联营企业	502	2006
有限责任公司	107505	29623
股份有限公司	15953	10364
私营企业	169098	53051
其他企业		
港、澳、台商投资企业	22727	6468
合资经营企业（港或澳、台资）	5114	1040
合作经营企业（港或澳、台资）		
港、澳、台商独资经营企业	16697	5428
港、澳、台商投资股份有限公司	653	
其他港、澳、台商投资企业	263	
外商投资企业	34663	17226
中外合资经营企业	24291	15726
中外合作经营企业	3	
外资企业	8792	1500
外商投资股份有限公司	1556	
其他外商投资企业	20	
四、按行业分		
采矿业	931	23
煤炭开采和洗选业	41	
石油和天然气开采业	445	
黑色金属矿采选业		
有色金属矿采选业		

续表

项目	研究开发费用加计扣除减免税	高新技术企业减免税
非金属矿采选业	445	23
开采辅助活动		
其他采矿业		
制造业	359947	119523
农副食品加工业	4367	701
食品制造业	3454	1915
酒、饮料和精制茶制造业	2663	298
烟草制品业		
纺织业	270	44
纺织服装、服饰业	364	1046
皮革、毛皮、羽毛及其制品和制鞋业	310	
木材加工和木、竹、藤、棕、草制品业	420	28
家具制造业	1161	8
造纸和纸制品业	4653	4728
印刷和记录媒介复制业	3508	562
文教、工美、体育和娱乐用品制造业	776	156
石油加工、炼焦和核燃料加工业	146	
化学原料和化学制品制造业	20003	13458
医药制造业	23109	28092
化学纤维制造业	6364	2187
橡胶和塑料制品业	5882	1046
非金属矿物制品业	16854	4339
黑色金属冶炼和压延加工业	850	129
有色金属冶炼和压延加工业	9116	2027
金属制品业	11610	1165
通用设备制造业	18519	15000
专用设备制造业	19314	2791
汽车制造业	69423	14195
铁路、船舶、航空航天和其他运输设备制造业	18240	6289
电气机械和器材制造业	13139	3191
计算机、通信和其他电子设备制造业	77540	9958
仪器仪表制造业	13527	4444
其他制造业	14029	1645
废弃资源综合利用业	162	
金属制品、机械和设备修理业	173	80
电力、热力、燃气及水生产和供应业	338	
电力、热力生产和供应业	307	
燃气生产和供应业		
水的生产和供应业	31	

续表

项目	研究开发费用加计扣除减免税	高新技术企业减免税
五、按区县分		
渝中区		
大渡口区	11191	1756
江北区	12880	236
沙坪坝区	19894	6018
九龙坡区	32642	10200
南岸区	12866	15453
北碚区	37732	3635
渝北区	62193	13913
巴南区	15935	2231
涪陵区	31652	18257
长寿区	13155	17371
江津区	16346	10647
合川区	5203	2705
永川区	8675	1593
南川区	2493	760
綦江区	4645	2637
潼南区	6263	369
铜梁区	5242	1484
大足区	4380	1018
荣昌区	14598	363
璧山区	23723	3813
万州区	3957	584
梁平区	3772	780
城口县	6	
丰都县	103	1
垫江县	2563	767
忠　县	1478	51
开州区	3906	1181
云阳县	1012	343
奉节县	601	25
巫山县	10	
巫溪县	2	2
黔江区	713	534
武隆区	79	
石柱土家族自治县	619	2
秀山土家族苗族自治县	531	809
酉阳土家族苗族自治县	158	8
彭水苗族土家族自治县		

三、建筑业、服务业企业

说明：建筑业企业数据调查范围为特级/一级总承包、专业承包建筑业法人单位。服务业企业数据调查范围为大中型交通运输、仓储和邮政业，信息传输、软件和信息技术服务业，租赁和商务服务业，科学研究和技术服务业，水利、环境和公共设施管理业，卫生和社会工作，文化、体育和娱乐业等法人单位。

3-1 建筑业、服务业企业科技活动基本情况（2016—2022年）

指标	2016年	2017年	2018年	2019年	2020年	2021年	2022年
企业基本情况							
有R&D活动企业数/个	72	76	115	291	383	404	400
有研发机构单位数/个	33	37	45	112	217	215	253
有R&D活动企业所占比重/%	7.9	8.1	10.7	9.0	10.8	10.3	9.6
研究与试验发展（R&D）活动情况							
R&D人员/人	5442	7269	9812	12251	13832	13736	19320
R&D人员全时当量/人年	4019	4018	5939	7703	9367	8877	13213
R&D经费内部支出/万元	113547	204314	280604	342675	378865	452089	624733
企业办研发机构情况							
机构数/个	56	51	75	154	300	282	294
机构人员数/人	2350	2223	2870	7000	14686	16062	14597
机构经费支出/万元	34389	33975	48247	259618	505107	703424	598079
专利情况							
专利申请数/件	1390	1846	2399	4233	5108	5522	6655
#发明专利	540	636	808	1966	2291	2600	3319
有效发明专利数/件	1294	1550	2153	3313	4573	5408	6744

3-2　建筑业、服务业企业基本情况（2022 年）

项目	企业数/个	有 R&D 活动单位数	有研发机构单位数	营业收入/万元	利润总额/万元
总计	4152	400	253	87094058	5396473
一、按规模分					
大型企业	208	80	49	40425620	1670952
中型企业	789	139	92	25929794	2712298
小型企业	2306	147	99	16500549	903412
微型企业	849	34	13	4238095	109811
二、按隶属关系分					
中央属	149	42	25	18187767	874996
地方属	286	27	21	9842324	265140
其他	3717	331	207	59063967	4256337
三、按登记注册类型分					
内资企业	4055	391	246	78484902	4065620
国有企业	122	21	12	5782707	143426
集体企业	7			394161	16908
股份合作企业	2			16285	363
联营企业	2			24127	6340
有限责任公司	1038	138	92	35291348	1739473
股份有限公司	114	14	7	5172583	518883
私营企业	2769	218	135	31802002	1640017
其他企业	1			1691	210
港、澳、台商投资企业	47	3	2	1676455	−84202
合资经营企业（港或澳、台资）	7	1	1	591240	7281
合作经营企业（港或澳、台资）	1			6603	2888
港、澳、台商独资经营企业	38	2	1	880079	65493
港、澳、台商投资股份有限公司	1			198533	−159865
其他港、澳、台商投资企业					
外商投资企业	50	6	5	6932701	1415055
中外合资经营企业	16	4	2	1183148	33381
中外合作经营企业					
外资企业	29	1	3	5126906	1101393
外商投资股份有限公司	3	1		157831	−749
其他外商投资企业	2			464816	281031
四、按行业分					
建筑业	493	49	44	36238633	1087549
房屋建筑业	232	21	16	20767318	516706
土木工程建筑业	73	16	20	12498428	526238

续表

项目	企业数/个	有 R&D 活动单位数	有研发机构单位数	营业收入/万元	利润总额/万元
建筑安装业	82	8	5	1120611	20979
建筑装饰、装修和其他建筑业	106	4	3	1852277	23626
交通运输、仓储和邮政业	763	7	4	13178757	−272375
铁路运输业	1			3434	294
道路运输业	451	6	4	5798910	165788
水上运输业	102			846234	21497
航空运输业	12			935417	−717822
管道运输业	1			51357	17202
多式联运和运输代理业	87			3127098	35941
装卸搬运和仓储业	58	1		468236	22731
邮政业	51			1948071	181995
信息传输、软件和信息技术服务业	566	127	96	12871647	1745128
电信、广播电视和卫星传输服务	106	2	2	3641508	228722
互联网和相关服务	93	14	10	2097360	375854
软件和信息技术服务业	367	111	84	7132779	1140552
租赁和商务服务业	956	15	9	11911926	1612983
租赁业	87	2	1	349046	12600
商务服务业	869	13	8	11562880	1600383
科学研究和技术服务业	498	142	71	5526349	247012
研究和试验发展	41	24	13	153850	8326
专业技术服务业	396	100	45	4983632	312193
科技推广和应用服务业	61	18	13	388866	−73508
水利、环境和公共设施管理业	183	22	13	4733636	888204
水利管理业	3			5418	−260
生态保护和环境治理业	37	12	7	458068	39295
公共设施管理业	93	7	4	744411	81462
土地管理业	50	3	2	3525740	767708
卫生和社会工作	279	29	12	1534561	9562
卫生	252	29	12	1494002	12612
社会工作	27			40558	−3050
文化、体育和娱乐业	414	9	4	1098551	78410
新闻和出版业	19	3	1	188280	20530
广播、电视、电影和录音制作业	93	1		280065	2756
文化艺术业	102	3	1	293969	81308
体育	34	2	2	64046	−7917
娱乐业	166			272191	−18266

续表

项目	企业数/个	有R&D活动单位数	有研发机构单位数	营业收入/万元	利润总额/万元
五、按区县分					
渝中区	439	28	14	8939024	418184
大渡口区	89	16	7	3480594	157178
江北区	264	21	10	7622964	1073933
沙坪坝区	162	17	3	3101978	161178
九龙坡区	304	61	32	4347858	199349
南岸区	214	41	33	5858915	552920
北碚区	125	18	17	2329363	324949
渝北区	642	98	64	23282273	28871
巴南区	113	10	14	6160604	1046437
涪陵区	158	3	3	3746350	293557
长寿区	77	2	2	1496599	2155
江津区	146	2	2	2191002	188938
合川区	48	1		405033	8407
永川区	77	6	7	2376113	120347
南川区	47	16	13	253498	−6950
綦江区	80	7	1	754577	99415
潼南区	65	3	1	791808	89027
铜梁区	55	9	3	313622	21189
大足区	61	6	4	980654	46462
荣昌区	54			542106	16333
璧山区	117	5	4	1177938	51792
万州区	119	3	1	1388070	71607
梁平区	37	2	2	240431	47405
城口县	9			25954	1426
丰都县	28	5	3	116071	69
垫江县	38	3	5	521291	22659
忠 县	62	2	2	901254	46395
开州区	92			1746426	83362
云阳县	75			474076	27146
奉节县	102	7	5	329535	37970
巫山县	21	4		227208	6780
巫溪县	9	1		23014	2609
黔江区	39	1		324346	49074
武隆区	49	2	1	239791	61542
石柱土家族自治县	34			68896	1895
秀山土家族苗族自治县	51			130276	24216
酉阳土家族苗族自治县	24			116537	15560
彭水苗族土家族自治县	26			68011	3092

3-3 建筑业、服务业企业 R&D 人员（2022 年）

项目	R&D 人员／人	#女性	#研究人员	#全时人员	R&D 人员折合全时当量／人年
总计	19320	3949	8578	13609	13213
一、按规模分					
大型企业	10721	1927	5005	7075	7291
中型企业	5776	1245	2446	4396	4078
小型企业	2276	511	954	1853	1502
微型企业	547	266	173	285	341
二、按隶属关系分					
中央属	3545	445	1766	1639	2354
地方属	1487	381	611	850	780
其他	14288	3123	6201	11120	10079
三、按登记注册类型分					
内资企业	18731	3845	8290	13153	12719
国有企业	1010	145	515	721	704
集体企业					
股份合作企业					
联营企业					
有限责任公司	8886	1474	4014	5750	6211
股份有限公司	842	183	297	463	499
私营企业	7993	2043	3464	6219	5306
其他企业					
港、澳、台商投资企业	167	44	81	119	145
合资经营企业（港或澳、台资）	101	33	49	60	93
合作经营企业（港或澳、台资）					
港、澳、台商独资经营企业	66	11	32	59	52
港、澳、台商投资股份有限公司					
其他港、澳、台商投资企业					
外商投资企业	422	60	207	337	349
中外合资经营企业	381	51	186	302	323
中外合作经营企业					
外资企业	32	6	16	29	21
外商投资股份有限公司	9	3	5	6	5
其他外商投资企业					
四、按行业分					
建筑业	3751	517	1601	1837	2323
房屋建筑业	1810	341	676	905	994
土木工程建筑业	1610	132	808	673	1104
建筑安装业	235	27	75	182	156

续表

项目	R&D 人员/人	#女性	#研究人员	#全时人员	R&D 人员折合全时当量/人年
建筑装饰、装修和其他建筑业	96	17	42	77	69
交通运输、仓储和邮政业	154	51	64	90	136
铁路运输业					
道路运输业	147	48	61	84	130
水上运输业					
航空运输业					
管道运输业					
多式联运和运输代理业					
装卸搬运和仓储业	7	3	3	6	6
邮政业					
信息传输、软件和信息技术服务业	6302	1396	2836	5143	4448
电信、广播电视和卫星传输服务	70	7	29	51	42
互联网和相关服务	697	180	212	436	438
软件和信息技术服务业	5535	1209	2595	4656	3969
租赁和商务服务业	342	97	159	294	247
租赁业	91	21	46	78	80
商务服务业	251	76	113	216	167
科学研究和技术服务业	7779	1475	3559	5701	5431
研究和试验发展	1535	420	620	1330	1048
专业技术服务业	3934	757	1812	2325	2508
科技推广和应用服务业	2310	298	1127	2046	1875
水利、环境和公共设施管理业	448	111	178	272	293
水利管理业					
生态保护和环境治理业	309	80	120	185	202
公共设施管理业	85	17	36	58	64
土地管理业	54	14	22	29	28
卫生和社会工作	450	250	135	203	268
卫生	450	250	135	203	268
社会工作					
文化、体育和娱乐业	94	52	46	69	67
新闻和出版业	65	44	34	56	44
广播、电视、电影和录音制作业	5		3		6
文化艺术业	17	6	5	9	12
体育	7	2	4	4	5
娱乐业					
五、按区县分					
渝中区	886	225	353	433	524

续表

项目	R&D 人员/人	#女性	#研究人员	#全时人员	R&D 人员折合全时当量/人年
大渡口区	979	142	431	464	596
江北区	659	154	254	465	453
沙坪坝区	1028	117	524	438	708
九龙坡区	3029	699	1194	1883	1883
南岸区	1214	214	532	982	843
北碚区	735	134	342	426	553
渝北区	8256	1703	3976	6673	5753
巴南区	558	139	182	455	476
涪陵区	85	14	35	48	75
长寿区	50	17	17	29	43
江津区	157	21	80	88	145
合川区	8	5	5		1
永川区	88	23	30	63	59
南川区	280	81	92	146	196
綦江区	115	33	55	97	84
潼南区	31	9	8	26	23
铜梁区	251	41	102	217	183
大足区	147	29	63	106	110
荣昌区					
璧山区	290	55	133	231	214
万州区	43	7	17	19	6
梁平区	19	4	9	10	13
城口县					
丰都县	33	6	10	29	26
垫江县	36	3	12	21	25
忠　县	33	8	12	2	23
开州区					
云阳县					
奉节县	72	10	17	56	46
巫山县	183	48	65	160	103
巫溪县	5	3	1	4	4
黔江区	3	1	1	3	3
武隆区	47	4	26	35	43
石柱土家族自治县					
秀山土家族苗族自治县					
酉阳土家族苗族自治县					
彭水苗族土家族自治县					

3-4 建筑业、服务业企业 R&D 经费内部支出（2022 年）

单位：万元

项目	R&D经费内部支出合计	按支出用途分				按资金来源分			
		#日常性支出	人员劳务费	#资产性支出	仪器和设备	#政府资金	#企业资金	#境外资金	#其他资金
总计	624733	590666	299922	34067	33731	16435	608298		
一、按规模分									
大型企业	430860	400889	185956	29971	29879	6570	424291		
中型企业	133583	130923	80331	2661	2433	8746	124837		
小型企业	44888	43810	25907	1078	1062	1004	43884		
微型企业	15402	15044	7728	358	358	115	15287		
二、按隶属关系分									
中央属	129226	127407	73570	1819	1782	7169	122058		
地方属	28249	27529	14204	721	720	283	27966		
其他	467258	435730	212148	31527	31230	8983	458275		
三、按登记注册类型分									
内资企业	608189	574250	287770	33939	33603	16305	591884		
国有企业	55105	54966	29809	140	132	1078	54028		
集体企业									
股份合作企业									
联营企业									
有限责任公司	360298	328298	144009	32000	31732	11188	349110		
股份有限公司	26226	26046	13237	179	179	2615	23610		
私营企业	166560	164941	100715	1619	1559	1424	165137		
其他企业									
港、澳、台商投资企业	6251	6251	4241				6251		

续表

项目	R&D经费内部支出合计	按支出用途分				按资金来源分			
		#日常性支出	人员劳务费	#资产性支出	仪器和设备	#政府资金	#企业资金	#境外资金	#其他资金
合资经营企业（港或澳、台资）	3544	3544	1693				3544		
合作经营企业（港或澳、台资）	2707	2707	2549				2707		
港、澳、台商独资经营企业									
港、澳、台商投资股份有限公司									
其他港、澳、台商投资企业									
外商投资企业	10293	10165	7910	129	128	130	10163		
中外合资经营企业	8320	8192	6446	128	128	130	8190		
中外合作经营企业									
外资企业	1677	1676	1207	1			1677		
外商投资股份有限公司	297	297	258				297		
其他外商投资企业									
四、按行业分									
建筑业	73603	72548	34315	1055	1044	106	73497		
房屋建筑业	35106	35060	16056	47	45	41	35065		
土木工程建筑业	33430	32726	15191	705	699	65	33365		
建筑安装业	3721	3418	2228	304	300		3721		
建筑装饰、装修和其他建筑业	1345	1345	839				1345		
交通运输、仓储和邮政业	4519	4519	1994			13	4506		
铁路运输业									
道路运输业	4381	4381	1976			13	4368		
水上运输业									
航空运输业									
管道运输业									

续表

项目	按支出用途分					按资金来源分			
	R&D经费内部支出合计	#日常性支出	人员劳务费	#资产性支出	仪器和设备	#政府资金	#企业资金	#境外资金	#其他资金
多式联运和运输代理业									
装卸搬运和仓储业									
邮政业	138	138	18				138		
信息传输、软件和信息技术服务业	187916	186623	126927	1293	1282	2108	185809		
电信、广播电视和卫星传输服务	1572	1467	1315	104	104	86	1572		
互联网和相关服务	16560	16502	13323	58	58	2022	16474		
软件和信息技术服务业	169785	168654	112289	1131	1119	2022	167763		
租赁和商务服务业	5382	5376	2703	5	5	183	5199		
租赁业	949	949	238				949		
商务服务业	4432	4427	2465	5	5	183	4249		
科学研究和技术服务业	324609	293014	125094	31595	31286	13295	311314		
研究和试验发展	22999	21477	8293	1522	1514	366	22633		
专业技术服务业	89317	88043	59428	1274	1199	6829	82488		
科技推广和应用服务业	212293	183495	57373	28799	28573	6099	206194		
水利、环境和公共设施管理业	19649	19621	4401	29	27	695	18954		
水利管理业									
生态保护和环境治理业	7235	7208	3304	27	27	38	7198		
公共设施管理业	1730	1728	520	2		3	1727		
土地管理业	10684	10684	578			655	10030		
卫生和社会工作	7203	7116	3977	87	87	10	7193		
卫生	7203	7116	3977	87	87	10	7193		
社会工作									

续表

项目	R&D经费内部支出合计	按支出用途分				按资金来源分			
		#日常性支出	人员劳务费	#资产性支出	仪器和设备	#政府资金	#企业资金	#境外资金	#其他资金
文化、体育和娱乐业	1853	1849	510	3		25	1828		
新闻和出版业	1046	1046	298			25	1021		
广播、电视、电影和录音制作业	115	115	109				115		
文化艺术业	415	415	48				415		
体育	277	273	55	3			277		
娱乐业									
五、按区县分									
渝中区	20622	20603	14671	19	19	342	20279		
大渡口区	27173	27080	13059	93	93	45	27128		
江北区	18413	18369	9839	43	13	60	18353		
沙坪坝区	17470	15905	8955	1566	1528	1766	15705		
九龙坡区	53820	53355	37131	466	452	620	53200		
南岸区	23672	23573	14993	99	94	2867	20805		
北碚区	17028	16050	9665	978	964	132	16896		
渝北区	379755	350013	168289	29743	29644	4282	375473		
巴南区	18468	18094	6044	374	373	872	17596		
涪陵区	1565	1565	983				1565		
长寿区	994	994	769				994		
江津区	6518	6508	2231	10	10	1	6517		
合川区	48	48	18				48		
永川区	11568	11568	805				11568		
南川区	6075	6020	3190	56	51	4	6072		

续表

项目	R&D经费内部支出合计	按支出用途分				按资金来源分			
		#日常性支出	人员劳务费	#资产性支出	仪器和设备	#政府资金	#企业资金	#境外资金	#其他资金
綦江区	1589	1567	375	22	22		1589		
潼南区	704	704	175			5	699		
铜梁区	2120	2086	1125	33	33		2120		
大足区	2954	2954	1652				2954		
荣昌区									
璧山区	8601	8104	3322	497	370	5246	3356		
万州区	510	510	321			10	500		
梁平区	286	286	97				286		
城口县									
丰都县	731	731	205				731		
垫江县	444	438	296	6	6		444		
忠　县	366	366	181				366		
开州区									
云阳县									
奉节县	1503	1475	282	28	25		1503		
巫山县	1342	1309	1024	34	34		1342		
巫溪县	130	130					130		
黔江区	56	56	49				56		
武隆区	206	206	178			183	23		
石柱土家族自治县									
秀山土家族苗族自治县									
酉阳土家族苗族自治县									
彭水苗族土家族自治县									

3-5 建筑业、服务业企业 R&D 经费外部支出（2022 年）

单位：万元

项目	R&D 经费外部支出合计	#对境内研究机构支出	#对境内高等学校支出	#对境内企业支出	#对境外支出
总计	117281	6703	1799	108776	3
一、按规模分					
大型企业	95650	5873	647	89127	3
中型企业	15134	314	168	14652	
小型企业	5777	517	984	4277	
微型企业	720			720	
二、按隶属关系分					
中央属	15498	2261	1195	12038	3
地方属	2123	29	39	2055	
其他	99660	4413	565	94682	
三、按登记注册类型分					
内资企业	113094	6703	1799	104589	3
国有企业	8819	159	144	8512	3
集体企业					
股份合作企业					
联营企业					
有限责任公司	81062	1007	1145	78910	
股份有限公司	3935	1833	198	1904	
私营企业	19278	3703	312	15262	
其他企业					
港、澳、台商投资企业					
合资经营企业（港或澳、台资）					
合作经营企业（港或澳、台资）					
港、澳、台商独资经营企业					
港、澳、台商投资股份有限公司					
其他港、澳、台商投资企业					
外商投资企业	4187			4187	
中外合资经营企业	3743			3743	
中外合作经营企业					
外资企业					
外商投资股份有限公司	444			444	
其他外商投资企业					
四、按行业分					
建筑业	906	91	144	671	
房屋建筑业	75	39	9	27	
土木工程建筑业	240	38	135	68	

续表

项目	R&D 经费外部支出合计	#对境内研究机构支出	#对境内高等学校支出	#对境内企业支出	#对境外支出
建筑安装业	577			577	
建筑装饰、装修和其他建筑业	14	14			
交通运输、仓储和邮政业	43	5	33	6	
铁路运输业					
道路运输业	43	5	33	6	
水上运输业					
航空运输业					
管道运输业					
多式联运和运输代理业					
装卸搬运和仓储业					
邮政业					
信息传输、软件和信息技术服务业	36887	3953	201	32731	3
电信、广播电视和卫星传输服务					
互联网和相关服务	4283		77	4206	
软件和信息技术服务业	32604	3953	123	28524	3
租赁和商务服务业	113			113	
租赁业					
商务服务业	113			113	
科学研究和技术服务业	78776	2580	1387	74809	
研究和试验发展	1208	85	645	479	
专业技术服务业	7059	2193	523	4343	
科技推广和应用服务业	70509	302	219	69987	
水利、环境和公共设施管理业	556	75	35	447	
水利管理业					
生态保护和环境治理业	554	74	34	447	
公共设施管理业	2	1	1		
土地管理业					
卫生和社会工作					
卫生					
社会工作					
文化、体育和娱乐业					
新闻和出版业					
广播、电视、电影和录音制作业					
文化艺术业					
体育					
娱乐业					
五、按区县分					
渝中区	3627	1790	101	1735	

续表

项目	R&D经费外部支出合计	#对境内研究机构支出	#对境内高等学校支出	#对境内企业支出	#对境外支出
大渡口区	10			10	
江北区	618		89	529	
沙坪坝区	1176	1	9	1166	
九龙坡区	2772	96	30	2646	
南岸区	2531	440	323	1769	
北碚区	46		44	2	
渝北区	105556	4073	984	100497	3
巴南区	625		216	409	
涪陵区					
长寿区					
江津区					
合川区					
永川区	291	291			
南川区	8	5	3		
綦江区					
潼南区					
铜梁区					
大足区	14			14	
荣昌区					
璧山区					
万州区	7	7			
梁平区					
城口县					
丰都县					
垫江县					
忠　县					
开州区					
云阳县					
奉节县					
巫山县					
巫溪县					
黔江区					
武隆区					
石柱土家族自治县					
秀山土家族苗族自治县					
酉阳土家族苗族自治县					
彭水苗族土家族自治县					

3-6 建筑业、服务业企业 R&D 项目（2022 年）

项目	项目数 /项	参加项目 人员/人	项目人员 折合全时当量 /人年	项目经费 内部支出 /万元	#政府资金
总计	2157	18275	15483	728974	12660
一、按规模分					
大型企业	836	10212	8575	511621	2039
中型企业	766	5472	4754	149800	9887
小型企业	470	2098	1753	50997	724
微型企业	85	493	400	16556	10
二、按登记注册类型分					
内资企业	2112	17697	14902	706314	12660
国有企业	167	936	828	59130	713
集体企业					
股份合作企业					
联营企业					
有限责任公司	969	8397	7276	429363	8866
股份有限公司	131	813	581	29401	1377
私营企业	845	7551	6216	188420	1704
其他企业					
港、澳、台商投资企业	15	164	171	7926	
合资经营企业（港或澳、台资）	9	99	110	5214	
合作经营企业（港或澳、台资）					
港、澳、台商独资经营企业	6	65	61	2713	
港、澳、台商投资股份有限公司					
其他港、澳、台商投资企业					
外商投资企业	30	414	410	14734	
中外合资经营企业	13	374	380	12111	
中外合作经营企业					
外资企业	14	31	25	1894	
外商投资股份有限公司	3	9	6	729	
其他外商投资企业					
三、按行业分					
建筑业	398	3461	2733	80392	26
房屋建筑业	199	1673	1169	40414	10
土木工程建筑业	153	1483	1298	34929	16
建筑安装业	34	218	184	3619	
建筑装饰、装修和其他建筑业	12	87	81	1430	
交通运输、仓储和邮政业	25	149	160	6432	
铁路运输业					

续表

项目	项目数 /项	参加项目 人员/人	项目人员 折合全时当量 /人年	项目经费 内部支出 /万元	#政府资金
道路运输业	22	142	153	6247	
水上运输业					
航空运输业					
管道运输业					
多式联运和运输代理业					
装卸搬运和仓储业	3	7	7	185	
邮政业					
信息传输、软件和信息技术服务业	570	6097	5228	219397	1614
电信、广播电视和卫星传输服务	23	64	49	2500	
互联网和相关服务	60	681	515	17891	
软件和信息技术服务业	487	5352	4665	199006	1614
租赁和商务服务业	55	315	289	6205	198
租赁业	5	80	94	1347	
商务服务业	50	235	195	4858	198
科学研究和技术服务业	925	7353	6342	384993	9763
研究和试验发展	124	1485	1233	24289	92
专业技术服务业	696	3669	2910	96601	3005
科技推广和应用服务业	105	2199	2199	264104	6666
水利、环境和公共设施管理业	95	409	342	21592	1024
水利管理业					
生态保护和环境治理业	53	283	237	7725	
公共设施管理业	13	75	72	2455	2
土地管理业	29	51	33	11412	1023
卫生和社会工作	69	401	314	8005	10
卫生	69	401	314	8005	10
社会工作					
文化、体育和娱乐业	20	90	76	1958	25
新闻和出版业	10	64	52	1057	25
广播、电视、电影和录音制作业	2	3	3	115	
文化艺术业	6	16	14	481	
体育	2	7	6	306	
娱乐业					
四、按区县分					
渝中区	143	818	617	21917	73
大渡口区	155	941	701	27667	20
江北区	106	608	529	19189	30

续表

项目	项目数/项	参加项目人员/人	项目人员折合全时当量/人年	项目经费内部支出/万元	#政府资金
沙坪坝区	120	976	832	17458	2302
九龙坡区	376	2894	2208	61982	83
南岸区	221	1145	988	27717	501
北碚区	83	668	650	17550	132
渝北区	589	7884	6728	462532	2035
巴南区	70	543	560	19934	1452
涪陵区	7	80	88	2258	
长寿区	11	48	50	1096	
江津区	24	149	171	6581	1
合川区	1	7	1	48	
永川区	29	83	69	12467	
南川区	48	258	229	7124	3
綦江区	10	96	98	1589	
潼南区	11	28	27	791	5
铜梁区	18	241	216	2251	
大足区	20	136	128	3101	
荣昌区					
璧山区	57	275	252	9635	5817
万州区	7	39	7	560	10
梁平区	4	18	15	419	
城口县					
丰都县	5	29	31	752	
垫江县	6	35	29	504	
忠　县	2	24	27	354	
开州区					
云阳县					
奉节县	12	65	54	1631	
巫山县	18	136	121	1427	
巫溪县	1	4	4	145	
黔江区	1	3	4	64	
武隆区	2	44	51	231	198
石柱土家族自治县					
秀山土家族苗族自治县					
酉阳土家族苗族自治县					
彭水苗族土家族自治县					

3-7　建筑业、服务业企业研发机构情况（2022 年）

项目	机构数 /个	机构人员合计 /人	博士和硕士 /人	机构经费支出 /万元	机构仪器和设备原价 /万元
总计	294	14597	3238	598079	340892
一、按规模分					
大型企业	66	7125	1873	374461	244628
中型企业	104	5063	993	158001	62471
小型企业	108	2059	344	59205	28422
微型企业	16	350	28	6412	5371
二、按隶属关系分					
中央属	37	3161	1063	238869	204166
地方属	24	1133	292	31592	11154
其他	233	10303	1883	327618	125572
三、按登记注册类型分					
内资企业	287	13632	2885	543381	315552
国有企业	12	1524	348	147401	95883
集体企业					
股份合作企业					
联营企业					
有限责任公司	117	6498	1673	246079	167955
股份有限公司	13	363	142	14510	11707
私营企业	145	5247	722	135391	40006
其他企业					
港、澳、台商投资企业	2	145	21	2570	1910
合资经营企业（港或澳、台资）	1	124	20	2161	1441
合作经营企业（港或澳、台资）					
港、澳、台商独资经营企业	1	21	1	410	469
港、澳、台商投资股份有限公司					
其他港、澳、台商投资企业					
外商投资企业	5	820	332	52128	23431
中外合资经营企业	2	324	218	18975	940
中外合作经营企业					
外资企业	3	496	114	33154	22491
外商投资股份有限公司					
其他外商投资企业					
四、按行业分					
建筑业	55	3323	292	145423	114424
房屋建筑业	19	1103	91	34621	13740
土木工程建筑业	26	1897	176	100456	98941
建筑安装业	7	206	12	6933	643

项目	机构数/个	机构人员合计/人	博士和硕士/人	机构经费支出/万元	机构仪器和设备原价/万元
建筑装饰、装修和其他建筑业	3	117	13	3413	1100
交通运输、仓储和邮政业	4	154	20	4403	1594
铁路运输业					
道路运输业	4	154	20	4403	1594
水上运输业					
航空运输业					
管道运输业					
多式联运和运输代理业					
装卸搬运和仓储业					
邮政业					
信息传输、软件和信息技术服务业	108	6917	1700	330344	148464
电信、广播电视和卫星传输服务	2	108	30	3043	15424
互联网和相关服务	14	543	58	28590	9308
软件和信息技术服务业	92	6266	1612	298712	123731
租赁和商务服务业	10	111	11	1131	950
租赁业	1	8		121	
商务服务业	9	103	11	1010	949
科学研究和技术服务业	85	3452	1106	92993	61673
研究和试验发展	13	966	253	21077	19561
专业技术服务业	49	1863	688	39154	7095
科技推广和应用服务业	23	623	165	32762	35017
水利、环境和公共设施管理业	13	306	76	17059	8292
水利管理业					
生态保护和环境治理业	7	210	57	4883	832
公共设施管理业	4	55	2	1003	482
土地管理业	2	41	17	11173	6977
卫生和社会工作	15	314	28	5827	5358
卫生	15	314	28	5827	5358
社会工作					
文化、体育和娱乐业	4	20	5	900	139
新闻和出版业	1	7	1	500	33
广播、电视、电影和录音制作业					
文化艺术业	1	5	1	74	1
体育	2	8	3	325	105
娱乐业					
五、按区县分					
渝中区	15	907	267	22020	3540

项目	机构数/个	机构人员合计/人	博士和硕士/人	机构经费支出/万元	机构仪器和设备原价/万元
大渡口区	10	252	47	13044	10006
江北区	10	472	38	5526	4957
沙坪坝区	3	242	89	8940	2551
九龙坡区	38	1785	412	61817	15227
南岸区	40	1374	189	60116	14123
北碚区	18	1076	318	42733	92666
渝北区	80	6202	1530	307077	170516
巴南区	14	356	80	11004	6824
涪陵区	3	124	11	4814	1050
长寿区	3	112	17	4437	1489
江津区	2	301	35	15384	640
合川区					
永川区	7	299	50	18425	9828
南川区	13	215	10	4368	2790
綦江区	1	4		93	33
潼南区	1	7	1	121	95
铜梁区	3	238	2	1949	211
大足区	4	95	24	3827	1075
荣昌区					
璧山区	9	220	86	5506	495
万州区	1	21	2	193	104
梁平区	3	23	8	538	1047
城口县					
丰都县	3	22	3	430	276
垫江县	5	64	16	3371	768
忠　县	2	42		441	87
开州区					
云阳县					
奉节县	5	96	3	1449	482
巫山县					
巫溪县					
黔江区					
武隆区	1	48		458	15
石柱土家族自治县					
秀山土家族苗族自治县					
酉阳土家族苗族自治县					
彭水苗族土家族自治县					

3-8 建筑业、服务业企业申请、转让专利情况（2022 年）

项目	专利申请数/件	#发明专利	有效发明专利数/件	专利所有权转让及许可数/件	专利所有权转让及许可收入/万元
总计	6655	3319	6744	101	10366
一、按规模分					
大型企业	3831	1973	3511	15	3299
中型企业	1385	674	1468	24	2012
小型企业	1343	619	1421	61	5055
微型企业	96	53	344	1	
二、按隶属关系分					
中央属	2641	1429	2697	11	3299
地方属	442	183	347	8	50
其他	3572	1707	3700	82	7017
三、按登记注册类型分					
内资企业	6509	3213	6623	89	10366
国有企业	668	453	471	11	299
集体企业					
股份合作企业					
联营企业					
有限责任公司	3394	1637	3356	18	50
股份有限公司	691	403	1144	20	8000
私营企业	1756	720	1652	40	2017
其他企业					
港、澳、台商投资企业	43	20	26	12	
合资经营企业（港或澳、台资）	32	9	22	12	
合作经营企业（港或澳、台资）					
港、澳、台商独资经营企业	11	11	4		
港、澳、台商投资股份有限公司					
其他港、澳、台商投资企业					
外商投资企业	103	86	95		
中外合资经营企业	63	49	70		
中外合作经营企业					
外资企业	36	33	19		
外商投资股份有限公司	4	4	6		
其他外商投资企业					
四、按行业分					
建筑业	1319	429	1322	1	
房屋建筑业	621	208	667		
土木工程建筑业	635	206	612	1	
建筑安装业	32	10	29		

续表

项目	专利申请数/件	#发明专利	有效发明专利数/件	专利所有权转让及许可数/件	专利所有权转让及许可收入/万元
建筑装饰、装修和其他建筑业	31	5	14		
交通运输、仓储和邮政业	108	26	69		
铁路运输业					
道路运输业	77	24	44		
水上运输业					
航空运输业					
管道运输业					
多式联运和运输代理业	16		10		
装卸搬运和仓储业	15	2	15		
邮政业					
信息传输、软件和信息技术服务业	1707	1271	1773	62	5364
电信、广播电视和卫星传输服务	110	110	85		
互联网和相关服务	74	70	140	34	5060
软件和信息技术服务业	1523	1091	1548	28	304
租赁和商务服务业	76	35	38	1	
租赁业	10	1	1	1	
商务服务业	66	34	37		
科学研究和技术服务业	3187	1465	3290	32	5002
研究和试验发展	435	229	417	19	2000
专业技术服务业	1797	719	2079	13	3002
科技推广和应用服务业	955	517	794		
水利、环境和公共设施管理业	184	65	172	4	
水利管理业					
生态保护和环境治理业	147	53	126	2	
公共设施管理业	30	12	39	2	
土地管理业	7		7		
卫生和社会工作	57	19	75	1	
卫生	57	19	75	1	
社会工作					
文化、体育和娱乐业	17	9	5		
新闻和出版业					
广播、电视、电影和录音制作业					
文化艺术业	8	7	5		
体育					
娱乐业	9	2			
五、按区县分					
渝中区	691	339	807	11	3010

续表

项目	专利申请数/件	#发明专利	有效发明专利数/件	专利所有权转让及许可数/件	专利所有权转让及许可收入/万元
大渡口区	536	213	635	13	
江北区	315	89	165	2	2
沙坪坝区	248	123	273		
九龙坡区	663	324	765	3	
南岸区	443	185	701	3	5
北碚区	247	113	228	2	
渝北区	2935	1734	2588	58	5349
巴南区	134	31	85		
涪陵区	11	2	34	1	
长寿区	30	3	33	2	
江津区	100	26	52		
合川区					
永川区	29	12	21		
南川区	19	10	14		
綦江区					
潼南区	3	3	9		
铜梁区	8	3	5		
大足区	26	3	13		
荣昌区	16	1			
璧山区	102	47	240	2	2000
万州区	27	11	23	2	
梁平区	1		7		
城口县					
丰都县	3		4		
垫江县	14		1		
忠　县	13	11	11		
开州区					
云阳县					
奉节县	9	7	12	2	
巫山县	3				
巫溪县					
黔江区	29	29	18		
武隆区					
石柱土家族自治县					
秀山土家族苗族自治县					
酉阳土家族苗族自治县					
彭水苗族土家族自治县					

3-9 建筑业、服务业企业自主知识产权其他相关情况（2022年）

项目	拥有注册商标 /件	发表科技论文 /篇	形成国家或行业标准 /项
总计		1960	310
一、按规模分			
大型企业		1541	250
中型企业		284	47
小型企业		115	13
微型企业		20	
二、按隶属关系分			
中央属		1314	215
地方属		246	17
其他		400	78
三、按登记注册类型分			
内资企业		1960	310
国有企业		238	18
集体企业			
股份合作企业			
联营企业			
有限责任公司		1529	205
股份有限公司		95	43
私营企业		98	44
其他企业			
港、澳、台商投资企业			
合资经营企业（港或澳、台资）			
合作经营企业（港或澳、台资）			
港、澳、台商独资经营企业			
港、澳、台商投资股份有限公司			
其他港、澳、台商投资企业			
外商投资企业			
中外合资经营企业			
中外合作经营企业			
外资企业			
外商投资股份有限公司			
其他外商投资企业			
四、按行业分			
建筑业		566	41
房屋建筑业		88	13
土木工程建筑业		448	24
建筑安装业		28	4

续表

项目	拥有注册商标 /件	发表科技论文 /篇	形成国家或行业标准 /项
建筑装饰、装修和其他建筑业		2	
交通运输、仓储和邮政业		3	2
铁路运输业			
道路运输业		3	2
水上运输业			
航空运输业			
管道运输业			
多式联运和运输代理业			
装卸搬运和仓储业			
邮政业			
信息传输、软件和信息技术服务业		108	43
电信、广播电视和卫星传输服务			
互联网和相关服务		24	2
软件和信息技术服务业		84	41
租赁和商务服务业		7	2
租赁业			
商务服务业		7	2
科学研究和技术服务业		1242	217
研究和试验发展		7	5
专业技术服务业		1223	211
科技推广和应用服务业		12	1
水利、环境和公共设施管理业		14	5
水利管理业			
生态保护和环境治理业		14	3
公共设施管理业			2
土地管理业			
卫生和社会工作		20	
卫生		20	
社会工作			
文化、体育和娱乐业			
新闻和出版业			
广播、电视、电影和录音制作业			
文化艺术业			
体育			
娱乐业			
五、按区县分			
渝中区		301	45

续表

项目	拥有注册商标/件	发表科技论文/篇	形成国家或行业标准/项
大渡口区		72	2
江北区		58	8
沙坪坝区		100	26
九龙坡区		287	17
南岸区		449	87
北碚区		104	8
渝北区		457	106
巴南区		21	1
涪陵区			2
长寿区			3
江津区		52	
合川区		9	
永川区		17	
南川区		6	1
綦江区			
潼南区			
铜梁区			
大足区		17	
荣昌区			2
璧山区			2
万州区		10	
梁平区			
城口县			
丰都县			
垫江县			
忠　县			
开州区			
云阳县			
奉节县			
巫山县			
巫溪县			
黔江区			
武隆区			
石柱土家族自治县			
秀山土家族苗族自治县			
酉阳土家族苗族自治县			
彭水苗族土家族自治县			

3-10 建筑业、服务业企业相关政策落实情况（2022 年）

单位：万元

项目	研究开发费用加计扣除减免税	高新技术企业减免税
总计	55935	21509
一、按规模分		
大型企业	25065	9343
中型企业	16213	9952
小型企业	12167	1591
微型企业	2490	623
二、按隶属关系分		
中央属	13962	5705
地方属	3023	300
其他	38950	15504
三、按登记注册类型分		
内资企业	53669	21388
国有企业	4201	410
集体企业		
股份合作企业		
联营企业		
有限责任公司	23036	13165
股份有限公司	5559	251
私营企业	20873	7562
其他企业		
港、澳、台商投资企业	1306	
合资经营企业（港或澳、台资）	639	
合作经营企业（港或澳、台资）		
港、澳、台商独资经营企业	667	
港、澳、台商投资股份有限公司		
其他港、澳、台商投资企业		
外商投资企业	961	121
中外合资经营企业	194	121
中外合作经营企业		
外资企业	521	
外商投资股份有限公司	245	
其他外商投资企业		
四、按行业分		
建筑业	9652	1561
房屋建筑业	3238	670
土木工程建筑业	5616	92
建筑安装业	543	733

续表

项目	研究开发费用加计扣除减免税	高新技术企业减免税
建筑装饰、装修和其他建筑业	255	66
交通运输、仓储和邮政业	697	
铁路运输业		
道路运输业	697	
水上运输业		
航空运输业		
管道运输业		
多式联运和运输代理业		
装卸搬运和仓储业		
邮政业		
信息传输、软件和信息技术服务业	28075	7593
电信、广播电视和卫星传输服务	3272	
互联网和相关服务	3026	914
软件和信息技术服务业	21777	6679
租赁和商务服务业	790	4656
租赁业	120	
商务服务业	669	4656
科学研究和技术服务业	14518	6635
研究和试验发展	827	331
专业技术服务业	11332	6013
科技推广和应用服务业	2359	291
水利、环境和公共设施管理业	1309	440
水利管理业		
生态保护和环境治理业	733	402
公共设施管理业	339	
土地管理业	238	39
卫生和社会工作	689	623
卫生	689	623
社会工作		
文化、体育和娱乐业	204	1
新闻和出版业	158	
广播、电视、电影和录音制作业		
文化艺术业	44	
体育		
娱乐业	2	1
五、按区县分		
渝中区	3225	344

续表

项目	研究开发费用加计扣除减免税	高新技术企业减免税
大渡口区	769	282
江北区	1768	1341
沙坪坝区	3399	889
九龙坡区	6557	5126
南岸区	5178	1981
北碚区	2082	384
渝北区	28285	9086
巴南区	508	14
涪陵区	175	
长寿区	147	
江津区	1439	
合川区		
永川区	393	5
南川区	69	68
綦江区	10	
潼南区	0	
铜梁区	140	
大足区	165	59
荣昌区		
璧山区	512	1900
万州区	17	
梁平区	30	
城口县		
丰都县	16	16
垫江县	1006	
忠　县		
开州区		
云阳县		
奉节县	43	
巫山县		
巫溪县		
黔江区		14
武隆区		
石柱土家族自治县		
秀山土家族苗族自治县		
酉阳土家族苗族自治县		
彭水苗族土家族自治县		

四、高新技术企业

说明：高新技术企业数据调查范围为 2022 年重庆市有效期内的高新技术企业。

4-1 高新技术企业基本情况（2017—2022 年）

单位：亿元

指标	2017 年	2018 年	2019 年	2020 年	2021 年	2022 年
工业总产值	7765.20	7414.97	7021.69	9046.32	11950.23	11658.72
营业收入	8595.97	8610.10	9176.30	11349.05	13434.06	14322.86
#技术收入	264.29	430.34	733.35	1095.62	1141.76	1016.1
产品销售收入	7935.34	7731.97	7929.92	9703.54	11718.46	12613.24
#高新技术产品销售收入	6494.10	5816.41	5940.37	7501.09	9365.32	10286.9
进出口总额	916.57	826.34	886.82	1247.2	1666.01	1544.4
#出口总额	580.52	541.29	648.01	900.34	1204.56	1201.1
净利润	546.51	311.17	251.45	522.15	658.95	612.05
上缴税费	631.84	440.44	357.76	448.97	603.87	625.53
减免税	44.03	63.87	51.59	79.84	89.01	116.58
年末资产（资产总计）	9500.76	10491.65	12329.65	14789.2	16222.16	19040.16
年末负债	5870.76	6302.56	7812.48	9170.99	9957.51	11613.66
对外直接投资额	15.58	13.35	7.06	7.32	11.5	19.64
本年完成固定资产投资额	357.10	347.85	433.56	267.98	348.02	623.52

4-2 高新技术企业人员情况（2017—2022 年）

单位：人

指标	2017 年	2018 年	2019 年	2020 年	2021 年	2022 年
期末从业人员	598603	654500	692590	826451	859050	923112
#留学归国人员	1291	939	1148	2000	2226	2628
#按学历分						
研究生	19180	21857	24279	28096	32021	36654
本科	122621	142191	155694	184329	201530	222991
大专	138469	148418	145619	166434	168185	186022

4-3 高新技术企业科技活动人员情况（2022 年）

单位：人

技术领域	研究开发人员	#全时人员
合计	189015	141526
电子与信息	43456	34992
生物、医药技术	13193	10292
新材料	22807	15738

续表

技术领域	研究开发人员	#全时人员
光机电一体化	33582	24539
新能源高效节能	11966	8863
环境保护	5113	3710
航空航天	844	639
地球、空间、海洋工程	487	338
核应用技术	323	200
其他高技术	57244	42215

4-4 高新技术企业科技活动经费支出（2022 年）

单位：万元

技术领域	来自企业自筹的科技活动经费	委托外部研究开发费用	当年形成用于研究开发的固定资产	来自政府部门的科技活动经费
合计	6353143	349793.5	591349.2	159241.5
电子与信息	1168390.22	87014.43	53199.9	31371.45
生物、医药技术	500317.87	86754.6	79021.78	7491.71
新材料	906521.81	10321.63	91878.06	19215.8
光机电一体化	857927.57	37661.23	44080.48	30650.83
新能源高效节能	523324.79	9930.61	39710.59	10779.8
环境保护	107949.45	1200.59	4360.99	1278.56
航空航天	18501.74	316.83	943.01	381.17
地球、空间、海洋工程	45516.87	1271.12	1107.8	557.59
核应用技术	5665.34		1968.1	1589.95
其他高技术	2219027.34	115322.46	275078.49	55924.64

4-5 高新技术企业创办科技机构情况（2022 年）

技术领域	机构数/个	机构人员数/人	#博士毕业	硕士毕业	机构研究开发费用/万元
合计	3048	102191	1079	11787	4026117.36
电子与信息	568	20272	127	2598	655281.69
生物、医药技术	256	8496	209	1572	323934.35
新材料	567	11883	91	574	514582.38
光机电一体化	719	18728	212	2013	567355.1
新能源高效节能	156	5786	59	533	230751.65

续表

技术领域	机构数/个	机构人员数/人			机构研究开发费用/万元
			#博士毕业	硕士毕业	
环境保护	120	2548	50	274	67660.45
航空航天	7	354	3	47	8547.91
地球、空间、海洋工程	17	299	4	50	7857.04
核应用技术	7	220	4	24	5960.3
其他高技术	631	33605	320	4102	1644186.49

4-6 高新技术企业申请、转让专利情况（2022 年）

技术领域	专利申请数/件	#发明专利	专利授权数/件	#发明专利	拥有有效专利数/件	专利转让及许可数/件	专利转让及许可收入/万元
合计	33570	14149	25122	5264	141162	949	12080.24
电子与信息	4832	2462	3738	1438	19216	174	363.37
生物、医药技术	1883	711	1400	317	7716	116	6528
新材料	3855	1154	3255	577	20465	126	1600.2
光机电一体化	7374	2603	6134	974	37561	104	389.7
新能源高效节能	2595	1011	1847	406	9055	20	48.37
环境保护	971	272	908	148	5854	34	1476
航空航天	130	69	82	10	589	4	795.2
地球、空间、海洋工程	39	10	67	7	317		
核应用技术	85	35	38	11	241		
其他高技术	11806	5822	7653	1376	40148	371	879.4

4-7 高新技术企业新产品产值及销售收入（2022 年）

单位：万元

技术领域	新产品产值	新产品销售收入	#出口收入
合计	50259411.01	49618307.4	5890726.46
电子与信息	5731762.35	5157360.21	2260637.56
生物、医药技术	3202980.76	3347326	756849.38
新材料	10988603.26	10856779.78	472909.19
光机电一体化	6962014.3	7542451.22	576367.64
新能源高效节能	2671170.96	2524358.61	219168.36

续表

技术领域	新产品产值	新产品销售收入	#出口收入
环境保护	631924.07	613016.89	72926.4
航空航天	24127.77	23850.62	1321.4
地球、空间、海洋工程	995628.9	995321.32	874.27
核应用技术	9568.84	48409.9	550.9
其他高技术	19041629.8	18509432.85	1529121.36

4-8　高新技术企业技术获取和技术改造情况（2022年）

单位：万元

技术领域	引进国外技术经费支出	引进技术的消化吸收经费支出	购买国内技术经费支出	技术改造经费支出	技术合同成交总额
合计	169794.26	20318.32	63325.45	401739.52	1652392.76
电子与信息	5084.26	2386.7	3034.67	27471.87	179630.31
生物、医药技术	519.87		30316.06	14657.08	66492
新材料			449.3	44127.25	9382.73
光机电一体化	4841.49	3754.3	1292.22	58564.34	46818.96
新能源高效节能			21389.41	122653.56	2344.19
环境保护		3942.3	275.56	3466.31	12887.5
航空航天				818.2	4471.19
地球、空间、海洋工程			192.4	6584.4	459286.79
核应用技术				1767.8	600
其他高技术	159348.64	10235.02	6375.83	121628.71	870479.09

4-9　各区县高新技术企业数（2022年）

区县	高新技术企业数/家	区县	高新技术企业数/家
全市	6400		
重庆高新区	322	璧山区	8
九龙坡区	593	荣昌区	3
两江新区	790	万州区	102
渝中区	197	梁平区	86
大渡口区	130	城口县	9
江北区	274	丰都县	16

续表

区县	高新技术企业数/家	区县	高新技术企业数/家
沙坪坝区	114	垫江县	54
南岸区	326	忠　县	25
北碚区	203	开州区	76
渝北区	416	云阳县	27
巴南区	243	奉节县	21
涪陵区	157	巫山县	3
长寿区	180	巫溪县	8
江津区	351	黔江区	49
合川区	146	武隆区	8
永川区	40	石柱土家族自治县	17
南川区	63	秀山土家族苗族自治县	17
綦江区	144	酉阳土家族苗族自治县	7
万盛经开区	46	彭水苗族土家族自治县	5
潼南区	87	璧山高新区	351
铜梁区	176	荣昌高新区	148
大足区	173	永川高新区	189

五、研究与开发机构

　　说明：研究与开发机构数据调查范围为科学研究和技术服务业中非企业法人单位，包括政府部门隶属科研机构及该行业中研发活动比较密集的其他非企业法人单位。

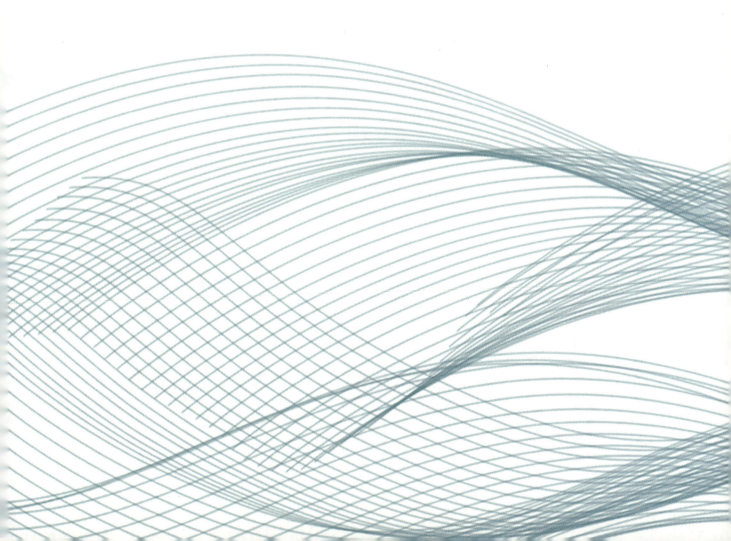

5-1 研究与开发机构基本情况 (2016—2022年)

指标	2016年	2017年	2018年	2019年	2020年	2021年	2022年
单位数/个	142	170	223	254	310	339	354
#有R&D活动的单位	132	162	201	249	272	301	294
按隶属关系分							
中央属	4	4	4	4	3	3	3
地方属	138	166	219	250	307	336	351
研究与试验发展 (R&D) 投入情况							
R&D人员/人	8133	9167	10745	11561	12757	14964	14174
R&D人员全时当量/人年	6356	7327	8756	9334	10544	12407	11723
#基础研究	838	907	1257	1416	1522	1604	1255
应用研究	2837	3199	3692	4081	4441	4409	4245
试验发展	2681	3221	3807	3837	4581	6394	6223
R&D经费内部支出/万元	239607.2	268833.3	287230.8	339469.9	386373.9	484852.4	485076.7
#基础研究	27182.7	30040.8	37086.5	44830.3	47496	52603.5	48163.1
应用研究	94434.8	109139.5	107178.7	123172.7	145372.1	159271.3	160946.5
试验发展	117989.7	129653	142965.6	171466.9	193505.8	272977.6	275967.1
#政府资金	187281.1	203785.2	217358.5	259522.1	296042.9	351610.9	371927.4
企业资金	9614	15538.4	8054.5	15449	21275.2	35071.2	40166.5
国外资金	15.6		207.7				
其他资金	42696.5	49509.7	61610.1	64498.8	69055.8	98170.3	72982.8
研究与试验发展 (R&D) 项目 (课题) 情况							
R&D项目 (课题) 数/项	2787	3397	3868	4122	4050	4770	4694
R&D项目 (课题) 人员全时当量/人年	5335.4	6130.8	7148.9	7429.9	8128.8	10208.7	9935.1
R&D项目 (课题) 经费内部支出/万元	104020	150197.4	167775.2	186812	198519.7	227019.4	203656.3
科技产出及成果情况							
发表科技论文/篇	3318	3632	3806	3734	3907	4122	3107
#国外发表	210	205	404	482	740	952	966
出版科技著作/种	124	103	124	138	127	138	152
专利申请受理数/件	525	546	524	772	879	1326	1360
#发明专利	327	307	247	457	517	894	942
专利申请授权数/件	405	437	390	471	698	1048	1027
#发明专利	201	228	157	119	175	355	492

5-2　研究与开发机构 R&D 人员（2022 年）

指标	单位数/个	有R&D活动单位数	从业人员/人	R&D人员合计/人	#女性	#研究人员	其中：全时人员	非全时人员	其中：#博士毕业	硕士毕业	本科毕业	其他学历	R&D人员折合全时当量/人年	#研究人员	其中：基础研究	应用研究	试验发展
总计	354	294	22099	14174	4732	9790	9832	4342	2032	4529	6027	1586	11723	8603	1255	4245	6223
一、按隶属关系分																	
中央属	3	3	878	693	194	587	618	75	264	237	151	41	661	560	124	294	243
地方属	351	291	21221	13481	4538	9203	9214	4267	1768	4292	5876	1545	11062	8043	1131	3951	5980
二、按从事的国民经济行业分																	
科学研究和技术服务业	354	294	22099	14174	4732	9790	9832	4342	2032	4529	6027	1586	11723	8603	1255	4245	6223
研究和试验发展	80	78	10610	8821	2995	5947	6140	2681	1463	3026	3399	933	7428	5237	878	2690	3860
专业技术服务业	157	125	8381	3204	1079	2221	2097	1107	121	944	1787	352	2451	1916	85	1145	1221
科技推广和应用服务业	117	91	3108	2149	658	1622	1595	554	448	559	841	301	1844	1450	292	410	1142
三、按区县分																	
渝中区	5	5	533	504	134	327	276	228	14	134	279	77	343	267	28	195	120
大渡口区																	
江北区	7	6	1461	505	166	300	331	174	38	193	241	33	363	261	9	284	70
沙坪坝区	13	12	1022	840	240	483	489	351	190	215	404	31	665	414	33	333	299
九龙坡区	13	10	1274	1009	407	710	799	210	231	386	356	36	912	647	72	268	572
南岸区	4	4	692	459	223	264	315	144	38	117	279	25	422	256	28	254	140
北碚区	8	7	1487	1219	286	946	1027	192	306	344	416	153	1152	906	180	631	341
渝北区	50	48	8305	5599	1820	3884	3439	2160	1065	2239	1883	412	4363	3135	488	1281	2594
巴南区	10	5	326	129	42	96	89	40	29	48	33	19	100	89	57	30	13
涪陵区	13	12	475	356	157	223	263	93	3	77	183	93	297	212	2	132	163
长寿区	6	6	225	96	19	82	76	20	12	23	50	11	87	77		40	47
江津区	11	8	255	124	43	102	96	28		32	85	7	98	77	6	63	35
合川区	13	12	223	143	50	89	107	36	10	47	77	9	117	82	16	71	40
永川区	11	7	638	162	42	99	109	53	6	45	92	19	129	97		58	55
南川区	8	8	273	228	92	150	213	15	19	42	83	84	213	150	29	50	134

续表

指标	单位数/个	有R&D活动单位数	从业人员/人	R&D人员合计/人	#女性	#研究人员	全时人员	非全时人员	#博士毕业	硕士毕业	本科毕业	其他学历	R&D人员折合全时当量/人年	#研究人员	基础研究	应用研究	试验发展
綦江区	17	15	450	220	76	219	219	1	1	35	153	31	219	219			219
潼南区	2	2	95	79	20	76	47	32	21	41	10	7	74	74	34		40
铜梁区	8	8	247	157	66	123	138	19	7	24	108	18	139	123		14	125
大足区	14	11	625	333	149	205	255	78	2	50	171	110	275	198	37	67	171
荣昌区	4	4	439	398	164	314	383	15	29	137	165	67	388	266	226	71	91
璧山区	3	2	42	40	15	17	20	20	4	3	6	27	22	16			22
万州区	18	17	647	529	192	301	306	223	2	136	265	126	425	292	5	131	289
梁平区	9	4	177	26	6	23	21	5		6	16	4	22	22			22
城口县	6	6	78	68	31	47	57	11	3	13	35	17	57	47		12	45
丰都县	12	11	211	125	37	120	116	9	1	24	71	29	117	112		14	103
垫江县	7	5	130	64	21	25	33	31		6	44	14	45	20		14	31
忠县	13	6	422	46	11	23	33	13		3	37	6	34	22		19	15
开州区	10	8	205	132	36	122	125	7		17	96	19	125	120		8	117
云阳县	6	4	83	26	5	19	17	9			21	5	19	18		14	5
奉节县	10	9	196	111	38	69	104	7		11	83	17	106	69		41	65
巫山县	1		10														
巫溪县																	
黔江区	12	10	330	156	48	128	110	46	1	31	106	18	139	121		77	62
武隆区	10	6	156	70	19	36	45	25		16	36	18	61	34		19	42
石柱土家族自治县	13	13	199	161	53	117	118	43		29	102	30	137	109		38	99
秀山土家族苗族自治县	4	3	89														
酉阳土家族苗族自治县	3	3	79	60	24	51	56	4		5	41	14	58	51	5	16	37
彭水苗族土家族自治县																	
四、按学科分																	
自然科学领域	50	42	3198	1431	419	1055	1006	425	361	337	602	131	1229	952	92	567	570
农业科学领域	126	100	4678	2920	1085	2074	2464	456	129	816	1309	666	2643	1980	323	574	1746

续表

指标	单位数/个	有R&D活动单位数	从业人员/人	R&D人员合计/人	#女性	#研究人员	全时人员	非全时人员	#博士毕业	硕士毕业	本科毕业	其他学历	R&D人员折合全时当量/人年	#研究人员	基础研究	应用研究	试验发展
医学科学领域	12	12	1447	1070	507	684	641	429	137	317	448	168	797	593	139	279	379
工程科学与技术领域	146	122	11522	7738	2325	5266	5040	2698	1349	2726	3127	536	6275	4463	639	2343	3293
社会、人文科学领域	20	18	1254	1015	396	711	681	334	56	333	541	85	779	615	62	482	235
五、按服务的国民经济行业分																	
农、林、牧、渔业	69	59	3232	2154	844	1501	1868	286	110	662	885	497	1988	1422	312	364	1312
农业	24	20	721	453	161	283	361	92	7	123	169	154	409	272	20	86	303
林业	11	10	313	245	99	162	188	57	8	48	131	58	201	159	1	12	188
畜牧业	12	11	1156	729	285	471	678	51	33	186	320	190	706	421	255	114	337
渔业	3	3	110	94	39	50	74	20	3	26	33	32	74	44		43	31
农、林、牧、渔专业及辅助性活动	19	15	932	633	260	535	567	66	59	279	232	63	598	526	36	109	453
采矿业	2	1	46	9	2	9	9				9		9	9			9
其他采矿业	2	1	46	9	2	9	9				9		9	9			9
制造业	14	14	1162	1315	357	830	682	633	288	256	688	83	1082	683	123	656	303
酒、饮料和精制茶制造业	1	1	16	12	5	12	12				6	6	12	12			12
医药制造业	2	2	317	266	142	220	245	21	57	77	118	14	247	220	73	113	61
金属制品业	1	1	23	22	6	5	11	11	3	5	12	2	16	4		16	
通用设备制造业	1	1	243	207	12	186	71	136	32	68	87	20	169	169		169	
专用设备制造业	1	1	40	15	2	4	15		1	5	9		15	4			15
汽车制造业	2	2	62	191	30	149	55	136	71	16	91	13	156	76	24	67	65
铁路、船舶、航空航天和其他运输设备制造业	1	1	36	36	9	26	17	19	13	15	7	1	26	22			26
计算机、通信和其他电子设备制造业	5	5	425	566	151	228	256	310	111	70	358	27	441	176	26	291	124
建筑业	8	6	613	251	55	186	206	45	5	74	157	15	233	178	39	105	89
房屋建筑业	5	3	161	71	26	64	68	3		17	49	5	69	64	6	18	45
土木工程建筑业	3	3	452	180	29	122	138	42	5	57	108	10	164	114	33	87	44
交通运输、仓储和邮政业	1	1	113	35	10	27	15	20	3	17	10	5	19	16	3	5	11

续表

指标	单位数/个	有R&D活动单位数	从业人员/人	R&D人员合计/人	#女性	#研究人员	其中：全时人员	其中：非全时人员	其中：#博士毕业	硕士毕业	本科毕业	其他学历	R&D人员折合全时当量/人年	#研究人员	其中：基础研究	应用研究	试验发展
道路运输业	1	1	113	35	10	27	15	20	3	17	10	5	19	16	3	5	11
信息传输、软件和信息技术服务业	4	4	286	284	95	186	181	103	56	115	90	23	243	174		136	107
互联网和相关服务	1	1	142	171	56	140	109	62	41	79	51		153	128		61	92
软件和信息技术服务业	3	3	144	113	39	46	72	41	15	36	39	23	90	46		75	15
科学研究和技术服务业	228	185	14713	8918	2825	6274	6023	2895	1516	2991	3609	802	7183	5473	685	2503	3995
研究和试验发展	31	29	2509	3080	850	2323	2413	667	1014	1015	939	112	2706	2126	409	1009	1288
专业技术服务业	115	95	9027	3515	1300	2396	2072	1443	133	1328	1736	318	2646	2002	98	1044	1504
科技推广和应用服务业	82	61	3177	2323	675	1555	1538	785	369	648	934	372	1831	1345	178	450	1203
水利、环境和公共设施管理业	13	11	858	635	321	357	424	211	32	235	307	61	469	269	22	233	214
水利管理业	4	3	85	33	15	10	31	2		3	22	8	32	10		24	8
生态保护和环境治理业	5	5	597	467	240	264	261	206	23	194	212	38	305	176	12	153	140
公共设施管理业	2	2	94	70	34	43	70		9	20	30	11	70	43	10	20	40
土地管理业	2	1	82	65	32	40	62	3		18	43	4	62	40		36	26
居民服务、修理和其他服务业	1	1	21	2	2	2	2		2	2			2	2	2	2	
居民服务业	1	1	21	2	2	2	2		2	2			2	2	2	2	
教育	5	5	283	266	129	233	212	54	11	77	167	11	239	199	2	165	72
教育	5	5	283	266	129	233	212	54	11	77	167	11	239	199	2	165	72
卫生和社会工作	1	1	197	80	17	70	70	10	6	23	17	34	73	70	17	52	4
卫生	1	1	197	80	17	70	70	10	6	23	17	34	73	70	17	52	4
文化、体育和娱乐业	4	3	464	209	69	100	128	81	5	73	76	55	170	95	52	24	94
广播、电视、电影和录音制作业	1		6														
文化艺术业	2	2	433	191	66	82	113	78	3	57	76	55	153	78	52	18	83
体育	1	1	25	18	3	18	15	3	2	16			17	17		6	11
公共管理、社会保障和社会组织	4	3	111	16	6	15	12	4		4	12		13	13			13
国家机构	2	1	96	5	1	4	1	4		2	3		2	2			2
群众团体、社会团体和其他成员组织	2	2	15	11	5	11	11			2	9		11	11			11

5-3 研究与开发机构 R&D 经费情况（2022 年）

单位：万元

指标	R&D经费内部支出	基础研究	应用研究	试验发展	#日常性支出	人员劳务费	资产性支出	仪器和设备	#政府资金	企业资金	境外资金	其他资金	R&D经费外部支出	对境内研究机构支出	对境内高等学校支出	对境内企业支出	对境外支出
总计	485076.7	48163.1	160946.5	275967.1	378148.3	206970.3	106928.4	68206.7	371927.4	40166.5		72982.8	9208	2350.1	1081.3	5066.7	
一、按隶属关系分																	
中央属	21331.3	3472.1	11065.5	6793.7	18504	12361.7	2827.3	2050	14989	5142.9		1199.4	1975.8	418.4	383	1174.4	
地方属	463745.4	44691	149881	269173.4	359644.3	194608.6	104101.1	66156.7	356938.4	35023.6		71783.4	7232.2	1931.7	698.3	3892.3	
二、按从事的国民经济行业分																	
科学研究和技术服务业	485076.7	48163.1	160946.5	275967.1	378148.3	206970.3	106928.4	68206.7	371927.4	40166.5		72982.8	9208	2350.1	1081.3	5066.7	
研究和试验发展	331790.3	45341.8	104269.7	182178.8	252507.9	141027.4	79282.4	52743.1	239365.8	36556.6		55867.9	7367.3	2099.6	772.5	4459.1	
专业技术服务业	95137.9	799.1	42396	51942.8	76004.1	42320.7	19133.8	9931.3	78137	653.2		16347.7	1230	242.5	178.1	238.9	
科技推广和应用服务业	58148.5	2022.2	14280.8	41845.5	49636.3	23622.2	8512.2	5532.3	54424.6	2956.7		767.2	610.7	8	130.7	368.7	
三、按区县分																	
渝中区	9568.1	3773	4528.2	1266.9	9240.2	5731.5	327.9	216.4	8168.3	1339.3		60.5	12		1.5		
大渡口区																	
江北区	15515.3	1913.2	8640.8	4961.3	13865.6	8928.9	1649.7	1482.1	8634.2			6881.1	206.6		20.7	82.6	
沙坪坝区	25976.1	6076.1	10145.6	9754.4	13906.9	8538.7	12069.2	10012.8	23090	478.1		2408	1146.5		269	422	
九龙坡区	57983.9	10631.3	8797.3	38555.3	43943.7	18544.7	14040.2	12287.2	23824.5	7429.6		26729.8	1440.4	1440.4			
南岸区	19335.8	2147.9	10227.4	6960.5	14167.1	9272.9	5168.7	1191.1	11242.4	3025.2		5068.2	65			40	
北碚区	40046.9	4680.4	25063.6	10302.9	32574.6	21210.4	7472.3	3328.3	31079.7	5142.9		3824.3	1975.8	418.4	383	1174.4	
渝北区	166915.6	6669.2	53356.8	106889.6	127321.3	71440.5	39594.3	29847.5	126410.1	17314.2		23191.3	3408.8	225.7	215.7	2953.4	
巴南区	3775	2006.4	1562.9	205.7	2893.7	845.9	881.3	92.3	2792.7	973.8		8.5	25.6				
涪陵区	11292.3	218.3	3851.9	7222.1	8131	5562.5	3161.3	684.2	11125.9			166.4	222.5	181.6			
长寿区	1740.5		731.6	1008.9	1493.6	939	246.9	244.4	1492.4	19.8		228.3			30.6	10.3	
江津区	1971.4		1167.9	803.5	1863.8	1348.4	107.6	107.6	1711.4			260					
合川区	5192.9	201	2972.2	2019.7	4907.2	1976.8	285.7	269.9	4361.4	431.5		400					
永川区	2267.2	147.2	980.6	1139.4	2197.5	1099.1	69.7	45.7	1851.1			416.1					
南川区	9612.4	1350.1	2447.7	5814.6	8248.2	4240.1	1364.2	728	7209.8	1572.8		829.8	47	8		39	

续表

指标	R&D经费内部支出	基础研究	应用研究	试验发展	#日常性支出	人员劳务费	资产性支出	仪器和设备	#政府资金	企业资金	境外资金	其他资金	R&D经费外部支出	对境内研究机构支出	对境内高等学校支出	对境内企业支出	对境外支出
綦江区	7098			7098	6814.4	4535.2	283.6	260.2	6773.7	300.6		23.7					
潼南区	1779.7	539.9		1239.8	1465.9	1112.5	313.8	264.6	1141.7	370		268					
铜梁区	6258.7		870.2	5388.5	4473.4	2036.6	1785.3	1267	4679.1	1058.2		521.4	23.9		5	18.9	
大足区	12963.6	1046.9	3838.1	8078.6	12403.4	4998.2	560.2	357.2	12958.3	5.3			38.5	22	13	3.5	
荣昌区	31177	5740.4	7347.8	18088.8	20895.2	8641	10281.8	1834.1	30866.2	310.8							
璧山区	245	75.6		245	145.7	73.1	99.3	67.3	245								
万州区	16786.1		4805.1	11905.4	15720.2	10491	1065.9	689.4	16267.7	129.6		388.8	173.9		127.8	46.1	
梁平区	963.8			963.8	787.5	359.9	176.3	27.5	963.8								
城口县	3338.8		568.5	2770.3	2597.5	580.3	741.3	704.7	3074	264.8							
丰都县	2692.1		201.2	2490.9	2574.4	2055.6	117.7	97.7	2692.1								
垫江县	2022.5		286	1736.5	1941.3	775.6	81.2	81.2	2022.5								
忠 县	617.2		429	188.2	532.4	461.5	84.8	84.8	328.2			289					
开州区													100	29	15	30	
云阳县	3998.6		168.5	3830.1	3929.6	1762.9	69		3998.6								
奉节县	846.2		747.6	98.6	558.1	289.8	288.1	266.3	787.6			58.6					
巫山县	2954.6		1149.9	1804.7	2751.6	2315.6	203	45.6	2954.6								
巫溪县																	
黔江区	4612.9		2696.6	1916.3	2974	1861.9	1638.9	396.6	4190.4			422.5					
武隆区	4276.5		1166.9	3109.6	4276.5	1156.6			4276.5								
石柱土家族自治县	9114		2130.3	6983.7	6670.8	2534.1	2443.2	969	8984			130	321.5	25		246.5	
秀山土家族苗族自治县																	
酉阳土家族苗族自治县	2138	946.2	66.3	1125.5	1882	1249.5	256	256	1729.5			408.5					
彭水苗族土家族自治县																	
四、按学科分																	
自然科学领域	35308.9	697.9	15861.6	18749.4	25442.5	15848.3	9866.4	5599.4	29440.9	2202		3666	1030.2	37.7	80	457	
农业科学领域	145087.8	10304.6	34041.6	100741.6	123392.2	59702.5	21695.6	8008.2	121499.9	1973.6		21614.3	1883.5	1621.5	30	156.4	
医学科学领域	51316	14624.9	15884.4	20806.7	28973.3	16595.1	22342.7	13672	36683.1	2746.7		11886.2					

续表

指标	R&D经费内部支出	基础研究	应用研究	试验发展	#日常性支出	人员劳务费	资产性支出	仪器和设备	#政府资金	企业资金	境外资金	其他资金	R&D经费外部支出	对境内研究机构支出	对境内高等学校支出	对境内企业支出	对境外支出
工程科学与技术领域	227956.4	15788.5	82440.1	129727.8	176210.5	98636.4	51745.9	40495.5	161476.9	31350.8		35128.7	5548.7	668.9	936.1	3878.7	
社会、人文科学领域	25407.6	6747.2	12718.8	5941.6	24129.8	16188	1277.8	431.6	22826.6	1893.4		687.6	745.6	22	35.2	574.6	
五、按服务的国民经济行业分																	
农、林、牧、渔业	116381.7	10368.9	22510.4	83502.4	97328.2	46700.3	19053.5	6603.4	94547.7	1700.9		20133.1	1857.9	1621.5	30	156.4	
农业	18759.9	1429.2	3849.3	13481.4	16129.5	10221.2	2630.4	974.7	17927	331.9		501	221.4	181.1	30	10.3	
林业	8327.8	82.9	789.7	7455.2	7386.8	2728.4	941	546.6	8327.8				150			100	
畜牧业	45367.3	6827.2	9735.6	28804.5	32614.7	14825.1	12752.6	3896.9	43868.3	1369		130					
渔业	3949.2		1427.3	2521.9	3799.6	1211.4	149.6	49.6	3629.3			319.9					
农、林、牧、渔专业及辅助性活动	39977.5	2029.6	6708.5	31239.4	37397.6	17714.2	2579.9	1135.6	20795.3			19182.2	1486.5	1440.4		46.1	
采矿业	313			313	313	173			313								
其他采矿业	313			313	313	173			313								
制造业	39481.4	10074	15475	13932.4	25067.9	14021.4	14413.5	9639.9	27895.4	6802.8		4783.2	669.3		293.9	375.4	
酒、饮料和精制茶制造业	570			570	570	165				570							
医药制造业	17006.2	3957.5	8520.4	4528.3	12238.2	7698.4	4768	446.2	11512.8	2214.3		3279.1					
金属制品业	120.5		120.5		77	52	43.5	43.5				120.5					
通用设备制造业	2228.2		2228.2		2146.9	1161.9	81.3	68.7	2228.2								
专用设备制造业	500.7			500.7	500.7	400.7			500.7								
汽车制造业	3566.3	356.8	763.1	2446.4	2810.8	878.9	755.5	705.1	1395.7	1979.5		191.1	400.3		24.9	375.4	
铁路、船舶、航空航天和其他运输设备制造业	906.2			906.2	882.1	694.5	24.1	22.6	906.2								
计算机、通信和其他电子设备制造业	14583.3	5759.7	3842.8	4980.8	5842.2	2970	8741.1	8353.8	11351.8	2039		1192.5	269		269	40	
建筑业	6775.9	357.4	4269.3	2149.2	6322.9	4319.2	453	208.7	5262			1513.9	65	65			
房屋建筑业	1097.1	34.9	174.3	887.9	1055.6	704.1	41.5	41.5	1073.4			23.7					
土木工程建筑业	5678.8	322.5	4095	1261.3	5267.3	3615.1	411.5	167.2	4188.6			1490.2	65	65			
交通运输、仓储和邮政业	417	3.2	368.6	45.2	417	64.6	411.5	167.2	28.6	388.4						40	
道路运输业	417	3.2	368.6	45.2	417	64.6	411.5	167.2	28.6	388.4						40	

续表

指标	R&D经费内部支出	基础研究	应用研究	试验发展	#日常性支出	人员劳务费	资产性支出	仪器和设备	#政府资金	企业资金	境外资金	其他资金	R&D经费外部支出	对境内研究机构支出	对境内高等学校支出	对境内企业支出	对境外支出
信息传输、软件和信息技术服务业	9553.5		7060.6	2492.9	6314.9	5068.8	3238.6	1102.8	9553.5				422			422	
互联网和相关服务	3653		1692.7	1960.3	3484.5	3263.9	168.5	168.5	3653								
软件和信息技术服务业	5900.5		5367.9	532.6	2830.4	1804.9	3070.1	934.3	5900.5				422			422	
科学研究和技术服务业	266886.9	20315	93542.4	153029.5	205757.1	119375.3	61129.8	43879.9	194271.8	29656.6		42958.5	6124.3	706.6	723.9	4069.4	
研究和试验发展	102409.8	15059.4	34057	53293.4	69105	44415.3	33304.8	30041.2	70256.1	17749.8		14403.9	2868.4	418.4	529	1895.4	
专业技术服务业	110357.4	2788.4	41324.9	66244.1	87352.4	48978.5	23005	11165	81557.4	3043.8		25756.2	2831	242.5	174.2	1918.8	
科技推广和应用服务业	54119.7	2467.2	18160.5	33492	49299.7	25981.5	4820	2673.7	42458.3	8863		2798.4	424.9	45.7	20.7	255.2	
水利、环境和公共设施管理业	27968.6	1095.1	10842.5	16031	20292.7	7120.1	7675.9	6643.1	24243.3	131.2		3594.1	19		19		
水利管理业	850.6		637.8	212.8	850.5	519	0.1	0.1	850.6				19		19		
生态保护和环境治理业	19983.7	502.6	8494.2	10986.9	12738.4	3928.6	7245.3	6218	19983.7			459.8					
公共设施管理业	4000	592.5	1185	2222.5	3924.9	1556.9	75.1	69.6	3409	131.2							
土地管理业	3134.3		525.5	2608.8	2778.9	1115.6	355.4	355.4				3134.3					
居民服务、修理和其他服务业	83.6		83.6		61.6	36	22		83.6								
居民服务业	83.6		83.6		61.6	36	22		83.6								
教育	7605	926.2	4262	2416.8	6868.2	5290.1	736.8	30.1	7605	142			50.5	22	14.5	3.5	
教育	7605	926.2	4262	2416.8	6868.2	5290.1	736.8	30.1	7605	142			50.5	22	14.5	3.5	
卫生和社会工作	2643.2	551.4	2061.7	30.1	2643.2	1455.2			2501.2								
卫生	2643.2	551.4	2061.7	30.1	2643.2	1455.2			2501.2								
文化、体育和娱乐业	6383.9	4471.9	470.4	1441.6	6178.6	3244.1	205.3	98.8	5039.3	1344.6							
广播、电视、电影和录音制作业																	
文化艺术业	6332.9	4471.9	453.4	1407.6	6127.6	3208.1	205.3	98.8	4988.3	1344.6							
体育	51		17	34	51	36			51								
公共管理、社会保障和社会组织	583			583	583	102.2			583								
国家机构	10			10	10	6.5			10								
群众团体、社会团体和其他成员组织	573			573	573	95.7			573								

5-4　研究与开发机构 R&D 产出情况（2022 年）

指标	专利申请数/件	发明专利（申请）	专利授权数/件	发明专利（授权）	拥有有效发明专利数/件	专利所有权转让及许可数/件	专利所有权转让及许可收入/万元	集成电路布图设计登记数/件	植物新品种权授予数/项	形成国家或行业技术标准数/项	发表科技论文数/篇	国外发表	出版科技著作/种
总计	1360	942	1027	492	2365	42	696.7		17	82	3107	966	152
一、按隶属关系分													
中央属	128	121	136	96	611	1	220			7	552	464	2
地方属	1232	821	891	396	1754	41	476.7		17	75	2555	502	150
二、按从事的国民经济行业分													
科学研究和技术服务业	1360	942	1027	492	2365	42	696.7		17	82	3107	966	152
研究和试验发展	1050	753	832	399	1898	40	681.7		17	45	2387	810	132
专业技术服务业	169	92	123	35	318	2	15			30	445	32	7
科技推广和应用服务业	141	97	72	58	149					7	275	124	13
三、按区县分													
渝中区	4	2	3	2	5						201	7	78
大渡口区													
江北区	23	17	27	8	57	3	103			6	227	5	1
沙坪坝区	103	93	32	20	135	2	39		1	2	77	20	2
九龙坡区	128	63	133	63	285	7	22.8		6	18	224	46	6
南岸区	31	17	32	13	212						124	21	10
北碚区	190	162	192	117	656	5	220			16	585	472	2
渝北区	732	511	516	225	792	21	308.6			27	1043	295	26
巴南区	4	3	2	1	4						25	20	5
涪陵区	13	7	2	1	17					3	63	4	
长寿区	3	3	2	2	3				5		19		2
江津区	2	2									16		
合川区	6		2		1						20	2	

续表

指标	专利申请数/件	发明专利	专利授权数/件	发明专利	拥有有效发明专利数/件	专利所有权转让及许可数/件	专利所有权转让及许可收入/万元	集成电路布图设计登记数/件	植物新品种权授予数/项	形成国家或行业技术标准数/项	发表科技论文数/篇	国外发表	出版科技著作/种
永川区	2		1	1	3						13		
南川区	22	17	13	9	54	2	1.5			2	68	14	
綦江区	10	5	5	5	10					1	28	1	9
潼南区	10	10	5	5	5						12		
铜梁区	5	2	2		7						8		
大足区	4	1								1	42		3
荣昌区	37	20	43	19	81	2	1.8				150	59	6
璧山区									2	4	3		
万州区	8	4	6		17				3	1	68	2	1
梁平区		1	1	1	14						1		
城口县	13	1	7										
丰都县											1		
垫江县											2		
忠县											8		
开州区													
云阳县	8	1	1		1					1	5		1
奉节县													
巫山县													
巫溪县													
黔江区											13		
武隆区	1	1									17		
石柱土家族自治县	1				6						5		
秀山土家族苗族自治县											25		
酉阳土家族苗族自治县											14		
彭水苗族土家族自治县													

续表

指标	专利申请数/件	发明专利	专利授权数/件	发明专利	拥有有效发明专利数/件	专利所有权转让及许可数/件	专利所有权转让及许可收入/万元	集成电路布图设计登记数/件	植物新品种授予数/项	形成国家或行业技术标准数/项	发表科技论文数/篇	国外发表	出版科技著作/种
四、按学科分													
自然科学领域	114	74	71	35	132	7	143.8			9	273	117	6
农业科学领域	200	98	215	96	465	8	24.3		17	30	537	101	24
医学科学领域	112	80	84	38	258					3	250	56	12
工程科学与技术领域	931	687	651	319	1504	27	528.6			37	1585	678	11
社会、人文科学领域	3	3	6	4	6					3	462	14	99
五、按服务的国民经济行业分													
农、林、牧、渔业	195	100	211	94	452	8	145.3		15	23	450	98	21
农业	19	17	14	9	38	1	1.5		8	1	84	7	2
林业	6	2	12	3	68	3	103		1	1	18	1	1
畜牧业	61	29	53	20	91	2	1.8			1	174	62	13
渔业	14	3	7	3	7					1	21	1	1
农、林、牧、渔专业及辅助性活动	95	49	125	59	248	2	39		6	19	153	27	4
制造业	141	102	66	31	291	12	24.8			3	212	74	10
酒、饮料和精制茶制造业													
医药制造业	29	19	26	11	203	7	22.8			2	92	34	
金属制品业	1	1			20						1		
通用设备制造业	44	39	31	16	30	4					6		
专用设备制造业													
汽车制造业	31	14	3		38						29	21	
计算机、通信和其他电子设备制造业	36	29	6	4		1	2			1	84	19	10
建筑业	13		13		6						24	8	
房屋建筑业											5		
土木工程建筑业	13		13		6					1	19	8	

续表

指标	专利申请数/件	发明专利	专利授权数/件	发明专利	拥有有效发明专利数/件	专利所有权转让及许可数/件	专利所有权转让及许可收入/万元	集成电路布图设计登记数/件	植物新品种权授予数/项	形成国家或行业技术标准数/项	发表科技论文数/篇	国外发表	出版科技著作/种
交通运输、仓储和邮政业	1	1	1	1	10						16	2	1
道路运输业	1	1	1	1	10						16	2	1
信息传输、软件和信息技术服务业	32	32	4	4	25						10		
互联网和相关服务	26	26	4	4	25								
软件和信息技术服务业	6	6									10		
科学研究和技术服务业	927	677	688	338	1511	22	526.6		2	54	1955	753	27
研究和试验发展	506	453	295	221	947	2	220			4	927	614	8
专业技术服务业	247	116	267	63	389	17	291.6			36	770	92	11
科技推广和应用服务业	174	108	126	54	175	3	15		2	14	258	47	8
水利、环境和公共设施管理业	31	10	30	10	46						116	13	
生态保护和环境治理业	30	9	27	8	33						74	10	
公共设施管理业	1	1	3	2	13						40	3	
土地管理业											2		
居民服务、修理和其他服务业													
居民服务业													
教育	17	17	12	12	22						186	6	79
教育	17	17	12	12	22						186	6	79
卫生和社会工作	3	3	2	2	2						21	11	2
卫生	3	3	2	2	2						21	11	2
文化、体育和娱乐业	17	12	12	12	22						95	1	12
文化艺术业	17	12	12	12	22						90	1	12
体育											5		
公共管理、社会保障和社会组织										1	22		
国家机构										1	20		
群众团体、社会团体和其他成员组织											2		

5-5　研究与开发机构 R&D 项目（课题）情况（2022 年）

指标	项目（课题）数/项	项目（课题）参加人员折合全时当量/人年	研究人员	项目（课题）经费内部支出/万元
总计	4694	9935.1	7551.6	203656.3
一、按项目（课题）来源分				
本单位自选项目	834	2155.6	1708.5	46221.4
政府部门科技项目	3117	6487.3	4890.1	131536.7
其他企业（单位）委托项目	579	1012	737.7	20431.1
境外项目	2	2.2	1.1	19.7
其他项目	162	278	214.2	5447.4
二、按项目（课题）合作形式分				
自主完成	3849	7569.3	5719.6	148126.6
与境内研究机构合作	230	499.1	332.5	11994
与境内高等学校合作	185	574.6	454.6	12272.7
与境内其他企业或单位合作	231	705.8	580.2	17877.7
与境外机构合作	7	9.4	7.3	18.7
委托其他企业或单位				
其他形式	192	576.9	457.4	13366.7
三、按项目（课题）活动类型分				
基础研究	706	1072.3	804.5	13533.1
应用研究	1864	3627.1	2699.1	74143.6
试验发展	2124	5235.7	4048	115979.6
四、按项目学科分				
自然科学领域	545	1342	1042.4	29166.3
数学	26	45.3	40.2	1693.6
信息科学与系统科学	62	166.2	131.9	3197.5
力学	10	19.1	17.3	51.4
物理学	85	159.7	118.6	4242.2
化学	40	93.2	82.1	1212.4
天文学	1	8	8	168.5
地球科学	225	548.1	405.8	12312.2
生物学	93	295.4	232	6265.7
心理学	3	7	6.5	22.8
农业科学领域	1236	2374.8	1880.9	60544.8
农学	773	1278.2	1000.6	33690.9
林学	102	279.7	245.6	6921.1
畜牧、兽医科学	328	708.3	536.7	17504.6
水产学	33	108.6	98	2428.2
医学科学领域	369	542.2	480.8	7868.7

续表

指标	项目（课题）数/项	项目（课题）参加人员折合全时当量/人年	研究人员	项目（课题）经费内部支出/万元
基础医学	119	143.2	130.9	2755.5
临床医学	29	62.8	42.8	532.3
预防医学与公共卫生学	21	49.6	48.6	1191.5
药学	46	108.5	98.8	920.2
中医学与中药学	154	178.1	159.7	2469.1
工程科学与技术领域	2236	5121.2	3709.4	99069.9
工程与技术科学基础学科	263	387.4	261.7	6241.1
信息与系统科学相关工程与技术	70	179.1	124.4	9195.8
自然科学相关工程与技术	38	67.5	65.4	840.6
测绘科学技术	56	231	160.9	7527.1
材料科学	189	443.9	373.1	6320.4
矿山工程技术	12	47.8	47.8	755.6
机械工程	143	434.1	370.8	6357.6
动力与电气工程	16	32.3	17.6	451.5
能源科学技术	43	78.7	62.2	1146.9
核科学技术	1	6	6	0.1
电子与通信技术	270	620.3	351.5	7286.9
计算机科学技术	222	582.7	367.2	12326.1
化学工程	13	20.6	18.8	142.8
产品应用相关工程与技术	23	55.1	52.1	395.2
纺织科学技术	2	2.2	2.2	5.4
食品科学技术	52	157.3	130.4	2749.6
土木建筑工程	216	405.5	287.8	10783.4
水利工程	15	52.6	31.7	806.2
交通运输工程	18	51.1	33.1	532.8
航空、航天科学技术	36	188	131	2721.7
环境科学技术及资源科学技术	427	747.5	571.3	20091.7
安全科学技术	36	129.9	75.3	374.6
管理学	75	200.6	167.1	2016.8
社会、人文科学领域	308	554.9	438.1	7006.7
哲学	1	0.6	0.6	15
语言学	9	11.1	10.6	95
文学	3	1.1	1.1	41
艺术学	6	9.3	5.3	58
历史学	12	24.8	11	55.1
考古学	18	51.7	45.3	262.9

续表

指标	项目（课题）数/项	项目（课题）参加人员折合全时当量/人年	研究人员	项目（课题）经费内部支出/万元
经济学	81	85.7	78.2	1875.4
政治学				
军事学	1	10.2	1.8	56.4
社会学	14	16.4	15.9	433.4
民族学与文化学	5	72.5	46	1304.4
新闻学与传播学				
图书馆、情报与文献学	13	18.7	18.7	63.3
教育学	129	223.5	179.5	2445.2
体育科学	7	17.4	17.4	47.6
统计学	9	11.9	6.7	254.1
五、按项目（课题）服务的国民经济行业分				
农、林、牧、渔业	1079	2221.1	1707.8	58169
农业	569	905.9	774.2	22043.1
林业	59	213.6	174.4	5466.7
畜牧业	318	732.4	469.3	21188.5
渔业	35	113.9	102.6	2528.9
农、林、牧、渔专业及辅助性活动	98	255.3	187.3	6941.8
采矿业	41	144.1	108.7	2037.2
石油和天然气开采业	9	29.4	26	183.2
黑色金属矿采选业	2	9.7	9.7	58.6
有色金属矿采选业	1	1	1	35.6
非金属矿采选业	2	9	9	313
开采专业及辅助性活动	1	0.1	0.1	2.6
其他采矿业	26	94.9	62.9	1444.3
制造业	546	1422.9	1192.8	22629.2
农副食品加工业	28	48.6	40.1	981.2
食品制造业	20	54.5	43.7	692.4
酒、饮料和精制茶制造业	18	33.2	32.2	1075.2
烟草制品业				
纺织业	1	0.2	0.2	5.2
皮革、毛皮、羽毛及其制品和制鞋业	1	0.1	0.1	6.9
木材加工和木、竹、藤、棕、草制品业	1	1.8	1.8	18.4
家具制造业	1	0.2		5.4
印刷和记录媒介复制业	1	0.4	0.4	16.2
造纸和纸制品业				
文教、工美、体育和娱乐用品制造业	1	0.6	0.6	1.9

续表

指标	项目（课题）数/项	项目（课题）参加人员折合全时当量/人年	研究人员	项目（课题）经费内部支出/万元
石油、煤炭及其他燃料加工业	4	15	12	451
化学原料和化学制品制造业	22	51.2	46	1235.2
医药制造业	103	148.6	141.1	3144.6
化学纤维制造业	2	1	0.9	61.3
橡胶和塑料制品业	4	5.3	5.3	81.6
非金属矿物制品业	14	34.9	33.3	431.3
黑色金属冶炼和压延加工业				
有色金属冶炼和压延加工业	2	6.7	4.3	104.8
金属制品业	5	28.4	13.9	361.7
通用设备制造业	41	251.1	236.3	2231.9
专用设备制造业	47	109.3	89.8	2255.9
汽车制造业	41	109.9	87.8	2045
铁路、船舶、航空航天和其他运输设备制造业	34	162.2	112.9	2765.5
电气机械和器材制造业	65	99.3	76.9	1984.3
计算机、通信和其他电子设备制造业	49	158	139.4	1292.9
仪器仪表制造业	38	98.1	70.1	1331.8
其他制造业	2	3.4	3.3	23.3
废弃资源综合利用业				
金属制品、机械和设备修理业	1	0.9	0.4	24.3
电力、热力、燃气及水生产和供应业	18	31.3	22.6	589.2
电力、热力生产和供应业	9	12.9	10.8	358.5
燃气生产和供应业	3	11.7	8.7	194.6
水的生产和供应业	6	6.7	3.1	36.2
建筑业	59	178.1	124.2	2065.6
房屋建筑业	14	24	24	411.9
土木工程建筑业	43	145.6	94.7	1523
建筑装饰、装修和其他建筑业	2	8.5	5.5	130.6
交通运输、仓储和邮政业	15	23.7	16.9	408.1
铁路运输业	2	3	3	116
道路运输业	7	7.8	6.3	97.5
水上运输业	2	4	1	4.1
航空运输业	1	0.3	0.2	7.7
多式联运和运输代理业	3	8.6	6.4	182.8
装卸搬运和仓储业				
住宿和餐饮业	1	0.3	0.1	18
住宿业				

续表

指标	项目（课题）数/项	项目（课题）参加人员折合全时当量/人年	研究人员	项目（课题）经费内部支出/万元
餐饮业	1	0.3	0.1	18
信息传输、软件和信息技术服务业	240	536.1	319.3	14137.7
电信、广播电视和卫星传输服务	3	5.1	4.1	83.1
互联网和相关服务	32	91.9	54.5	3765.8
软件和信息技术服务业	205	439.1	260.7	10288.8
金融业	6	34.3	26.8	694.4
货币金融服务	2	15.3	12.8	291.6
资本市场服务	2	5.5	3.5	95.6
保险业				
其他金融业	2	13.5	10.5	307.2
房地产业				
房地产业				
租赁和商务服务业	31	30.7	19.9	732.4
商务服务业	31	30.7	19.9	732.4
科学研究和技术服务业	1672	3524.3	2640.1	66472.6
研究和试验发展	747	1389.9	994.8	23502.1
专业技术服务业	818	1896.9	1480.4	39511
科技推广和应用服务业	107	237.5	164.9	3459.5
水利、环境和公共设施管理业	452	848.6	641.7	19222.2
水利管理业	24	44.2	32.3	559.1
生态保护和环境治理业	349	649.4	484.5	16915.1
公共设施管理业	57	69.8	61.4	955.5
土地管理业	22	85.2	63.5	792.6
居民服务、修理和其他服务业	1	1.7	0.7	37.2
居民服务业				
其他服务业	1	1.7	0.7	37.2
教育	182	265.1	218.3	3120.5
教育	182	265.1	218.3	3120.5
卫生和社会工作	161	236	212.2	4346.5
卫生	161	236	212.2	4346.5
社会工作				
文化、体育和娱乐业	72	228.7	140.2	2443.4
新闻和出版业	1	0.4	0.3	15
文化艺术业	67	207.3	118.9	2378.2
体育	3	16	16	1.6
娱乐业	1	5	5	48.6

续表

指标	项目（课题）数/项	项目（课题）参加人员折合全时当量/人年	研究人员	项目（课题）经费内部支出/万元
公共管理、社会保障和社会组织	118	208.1	159.3	6533.1
中国共产党机关	1	6	6	5.6
国家机构	117	202.1	153.3	6527.5
人民政协、民主党派				
社会保障				
群众团体、社会团体和其他成员组织				
基层群众自治组织及其他组织				
国际组织				
国际组织				
六、按项目（课题）社会经济目标分				
环境保护、生态建设及污染防治	568	1234.3	937.6	32090.3
能源生产、分配和合理利用	127	345.2	273.3	5302.2
卫生事业发展	359	548.9	462.7	9675
教育事业发展	162	268.6	221	3381.6
基础设施以及城市和农村规划	268	594.1	441	12662.8
基础社会发展和社会服务	680	1174.4	909.4	27447
地球和大气层的探索与利用	93	239.9	212	5226.3
民用空间探测及开发	59	150.6	108.2	2336.8
农林牧渔业发展	1235	2455.5	1922.2	60004
工商业发展	821	1828.1	1306.6	27382.5
非定向研究	130	218	155.6	2108.1
其他民用目标	139	719.8	498.1	10336.5
国防	53	157.7	103.9	5703.5
七、按隶属关系分				
中央属	596	636.8	540.3	18677.9
地方属	4098	9298.3	7011.3	184978.4
八、按机构从事的国民经济行业分				
科学研究和技术服务业	4694	9935.1	7551.6	203656.3
研究和试验发展	3614	6246	4625.7	114056.7
专业技术服务业	616	2092.5	1643.8	50722.9
科技推广和应用服务业	464	1596.6	1282.1	38876.8
九、按区县分				
渝中区	89	293.5	234.5	1538
大渡口区				
江北区	116	264.7	191.7	4600.4
沙坪坝区	154	546.4	339.2	10137.4

续表

指标	项目（课题）数/项	项目（课题）参加人员折合全时当量/人年	研究人员	项目（课题）经费内部支出/万元
九龙坡区	556	784.7	601.1	18326
南岸区	305	340.5	229.9	5636.3
北碚区	708	1099.8	860.8	33659.4
渝北区	1530	3478.3	2625	53914.8
巴南区	29	74	68.9	2092.2
涪陵区	108	274.7	192.5	5594
长寿区	13	58.5	54.1	855.2
江津区	16	89	71	1112.8
合川区	24	96.5	73	2738.9
永川区	24	113.9	90.1	1841.3
南川区	107	144.6	131.6	3844.5
綦江区	59	217	213	7017.8
潼南区	19	73	67.5	1496.7
铜梁区	35	121	103.5	3803
大足区	81	241.7	166.8	7985.6
荣昌区	277	369.5	264	6466.2
璧山区	3	15	10	86.8
万州区	176	409.5	281.8	6759.9
梁平区	7	21	21	699.2
城口县	9	57	47	1774.9
丰都县	13	117	112	2692.1
垫江县	5	45	20	1359.7
忠　县	10	31	16.2	204.3
开州区				
云阳县	13	117	110	3509
奉节县	4	17	13	592.6
巫山县	10	74	57	317.5
巫溪县				
黔江区	41	122	106.8	3378.7
武隆区	18	61	33	3221.4
石柱土家族自治县	34	111.8	95.1	4760.4
秀山土家族苗族自治县				
酉阳土家族苗族自治县	101	55.5	50.5	1639.5
彭水苗族土家族自治县				

5-6 研究与开发机构研究机构情况（2022 年）

指标	机构数/个	R&D 人员/人	博士毕业	硕士毕业	R&D经费支出/万元	科研用仪器设备原价/万元	进口收入
总计	80	8821	1463	3026	331790.3	338864.3	108425.4
一、按学科分类分							
自然科学	9	581	264	135	12009.6	8538.2	45
农业科学	13	1510	120	525	89726.7	50690.1	4886.2
医学科学	11	1035	137	311	50976.2	75089	36874.2
工程与技术科学	32	4741	897	1756	154836.4	194098.4	64840.2
人文与社会科学	15	954	45	299	24241.4	10448.6	1779.8
二、按机构服务的国民经济行业分							
农、林、牧、渔业	11	1510	105	515	89405.4	50620.6	5259.1
农业	3	295	7	77	11097.1	4617.6	1127.1
林业	1	142	8	37	4142.8	3904.4	
畜牧业	4	565	33	145	38651	18944	1104
渔业	1	43	2	10	1427.3	896.1	
农、林、牧、渔专业及辅助性活动	2	465	55	246	34087.2	22258.5	3028
制造业	13	1300	287	251	38980.7	24451.6	14210.1
酒、饮料和精制茶制造业	1	12			570	48	
医药制造业	2	266	57	77	17006.2	18116.2	13449.6
金属制品业	1	22	3	5	120.5	110.5	
通用设备制造业	1	207	32	68	2228.2	608.8	
专用设备制造业							
汽车制造业	2	191	71	16	3566.3	391.8	
铁路、船舶、航空航天和其他运输设备制造业	1	36	13	15	906.2	21.4	
计算机、通信和其他电子设备制造业	5	566	111	70	14583.3	5154.9	760.5
信息传输、软件和信息技术服务业	1	64	11	22	2261.4	290.2	
软件和信息技术服务业	1	64	11	22	2261.4	290.2	
科学研究和技术服务业	43	5204	1014	1985	173470	238848.3	80708.1
研究和试验发展	27	2651	812	880	97748.7	90222.3	20304.4
专业技术服务业	10	1514	78	780	56372.3	134717	58187.5
科技推广和应用服务业	6	1039	124	325	19349	13909	2216.2

续表

指标	机构数/个	R&D 人员/人	博士毕业	硕士毕业	R&D经费支出/万元	科研用仪器设备原价/万元	进口收入
水利、环境和公共设施管理业	2	182	24	78	10660.7	13444.1	6452.5
生态保护和环境治理业	1	115	15	60	6710.7	11646	5951.7
公共设施管理业	1	67	9	18	3950	1798.1	500.8
教育	5	266	11	77	7605	778.2	
教育	5	266	11	77	7605	778.2	
卫生和社会工作	1	80	6	23	2643.2	5542.9	15.8
卫生	1	80	6	23	2643.2	5542.9	15.8
文化、体育和娱乐业	3	209	5	73	6383.9	4887.2	1779.8
文化艺术业	2	191	3	57	6332.9	2738.9	1779.8
体育	1	18	2	16	51	2148.3	
公共管理、社会保障和社会组织	1	6		2	380	1.2	
群众团体、社会团体和其他成员组织	1	6		2	380	1.2	
三、按机构组成类型分							
政府部门办	68	8591	1425	2968	325546	335852.3	108380.4
其他	12	230	38	58	6244.3	3012	45
四、按隶属关系分							
中央属	1	630	255	194	19777.3	33873.2	13654.1
地方属	79	8191	1208	2832	312013	304991.1	94771.3
五、按机构从事的国民经济行业分							
科学研究和技术服务业	80	8821	1463	3026	331790.3	338864.3	108425.4
研究和试验发展	80	8821	1463	3026	331790.3	338864.3	108425.4
六、按区县分							
渝中区	4	423	14	131	8979.8	3851.6	353.4
大渡口区							
江北区	3	225	27	83	8383	2399.3	
沙坪坝区	8	558	132	94	16756	5328.1	760.5
九龙坡区	10	986	214	383	57847.6	36741	4294.8
南岸区	3	409	37	92	18198	11177.8	4048.2
北碚区	4	1048	292	286	31705.9	43354.6	13654.1
渝北区	24	3766	641	1579	127379.1	183821.5	62029.9

续表

指标	机构数/个	R&D人员/人	博士毕业	硕士毕业	R&D经费支出/万元	科研用仪器设备原价/万元	进口收入
巴南区	2	107	29	40	3540.5	11206.1	9401.4
涪陵区	3	186	3	38	6281.8	8663.6	4450
长寿区							
江津区							
合川区	1	9		3	325.9	53.8	
永川区							
南川区	3	155	13	31	5342.1	3194.9	918.7
綦江区	2	34	1	3	1003.6	134.5	
潼南区	1	67	21	40	1513	207.7	
铜梁区	2	51	4	8	1978.2	906	
大足区	1	95	2	20	2503.9	1546.5	1426.4
荣昌区	1	381	29	129	31070.8	17501.6	1104
璧山区	1	31	2	3	177.2	95.2	
万州区	3	231	2	55	6743.1	8393.6	5984
梁平区							
城口县	1	6			321.6	253.8	
丰都县	1	14		5	201.2	17.7	
垫江县							
忠　县							
开州区							
云阳县							
奉节县							
巫山县							
巫溪县							
黔江区							
武隆区							
石柱土家族自治县	1	6		2	380	1.2	
秀山土家族苗族自治县							
酉阳土家族苗族自治县	1	33		1	1158	14.2	
彭水苗族土家族自治县							

六、高等学校

说明：本章数据源于重庆市教育委员会组织的年度高等学校调查，包含 70 所理工农医类学校和 69 所社会人文类学校，其中综合类院校分别调查理工农医学科和社会人文学科。

6-1　高等学校科技活动情况（2014—2022 年）

指标名称	2014年	2015年	2016年	2017年	2018年	2019年	2020年	2021年	2022年
高等学校基本情况									
#理工农医	37	52	58	59	60	61	57	68	70
社会人文	56	62	64	65	65	65	65	67	69
研究与试验发展（R&D）投入情况									
R&D 人员/万人	1.73	2.0	2.1	2.5	2.7	3.1	3.3	3.9	4.2
R&D 人员全时当量/人年	6912	7815	8516	9589	10033	12120	12643	14918	16261
#基础研究	3177	3400	3344	3692	3907	5219	5153	6253	6465
应用研究	3332	3991	4394	4992	5107	5749	6672	7585	8688
试验发展	403	424	778	905	1019	1153	817	1080	1109
R&D 经费内部支出/亿元	16.8	19.0	26.5	34.1	39.6	46.2	48.5	58.9	67.6
#基础研究	5.82	6.9	9.4	11.4	13.0	19.2	15.7	21.3	26.2
应用研究	9.42	10.3	13.9	17.1	20.9	20.3	26.3	30.8	34.4
试验发展	1.60	1.7	3.3	5.6	5.8	6.8	6.5	6.7	7.0
#政府资金	8.16	10.4	13.1	16.1	20.3	23.2	22.3	27.3	31.7
企业资金	6.56	6.4	7.3	9.7	11.5	11.9	22.0	21.7	25.1
研究与试验发展（R&D）项目（课题）情况									
R&D 项目（课题）数/项	18417	20651	23569	25653	28772	32811	33263	37486	40271
R&D 项目（课题）人员全时当量/人年	6909	7807	8512	9585	10019	12111	12634	14920	16260
R&D 项目（课题）经费内部支出/亿元	14.29	14.66	18.07	20.3	24.57	22.99	21.5	28.0	34.1
科技产出及成果情况									
发表科技论文/篇	31641	30373	32273	32854	33866	38089	36606	39984	44741
出版科技著作/种	1106	1288	1273	1444	1603	1623	1487	1512	1528
专利申请数/件	2777	4088	5115	5908	7030	6920	10513	8180	8202
#发明专利	1696	2085	2572	2788	3752	4711	6113	5235	6146
专利授权数/件	1748	3193	3704	4655	4712	6655	8352	8798	7430
#发明专利	775	1129	1353	1776	1738	2623	2917	3335	4791

6-2　高等学校 R&D 人员（2022 年）

指标名称	从业人员 /人	R&D人员 合计 /人	#女性	#研究 人员	#全时 人员	非全时 人员	#博士 毕业	硕士 毕业	本科 毕业	其他 学历	R&D人员折合全时当量 /人年	#研究 人员	#基础 研究	应用 研究	试验 发展
总计	71981	41711	15464	33976	12752	28959	15106	16130	9790	685	16261	13924	6465	8688	1109
一、按隶属关系分															
中央属	16910	9230	2283	8133	3820	5410	4939	2623	1420	248	4471	4040	1829	2374	268
地方属	55071	32481	13181	25843	8932	23549	10167	13507	8370	437	11791	9884	4635	6315	841
二、按区县分															
渝中区	9182	2885	1401	1844	2215	670	892	668	1269	56	1925	1237	1346	508	71
大渡口区	353	77	44	67	19	58	2	44	30	1	22	17	5	17	1
江北区															
沙坪坝区	17816	12435	4255	10937	3656	8779	4995	4994	2188	258	5247	4789	1619	3232	396
九龙坡区	1699	693	338	560	265	428	74	450	168	1	301	233	35	248	19
南岸区	9559	7775	2656	6580	2127	5648	3385	2779	1498	113	2754	2477	1209	1408	136
北碚区	7454	4661	1480	4365	1642	3019	3016	1240	385	20	1845	1736	972	863	10
渝北区	2259	3907	954	2099	54	3853	960	1091	1851	5	662	469	203	459	
巴南区	3523	2340	1079	1857	652	1688	660	1003	595	82	908	770	201	426	281
涪陵区	1835	1554	765	1269	403	1151	502	827	179	46	552	476	231	284	37
长寿区	432	104	59	85	27	77	8	68	25	3	30	28	7	25	
江津区	2646	573	288	438	165	408	30	384	148	11	184	153	55	121	8
合川区	2641	563	331	456	142	421	22	433	108		184	153	27	152	4
永川区	4925	1798	836	1518	524	1274	329	987	415	67	665	575	156	491	18
南川区															
綦江区															
潼南区															

续表

指标名称	从业人员 /人	R&D人员合计 /人	#女性	#研究人员	#全时人员	非全时人员	#博士毕业	硕士毕业	本科毕业	其他学历	R&D人员折合全时当量 /人年	#研究人员	#基础研究	应用研究	试验发展
铜梁区	248	65	27	57		65	1	32	32		15	13	5	10	
大足区	395	71	37	38	3	68	2	21	47	1	25	14	7	17	
荣昌区															
璧山区	385	76	39	61	23	53	4	38	32	2	25	20	8	17	
万州区	6312	1960	787	1602	814	1146	215	945	783	17	874	726	363	382	128
梁平区															
城口县															
丰都县															
垫江县															
忠 县															
开州区															
云阳县															
奉节县															
巫山县															
巫溪县															
黔江区	317	174	88	143	21	153	9	126	37	2	46	38	17	28	
武隆区															
石柱土家族自治县															
秀山土家族苗族自治县															
酉阳土家族苗族自治县															
彭水苗族土家族自治县															

6-3 理工农医类高等学校 R&D 人员（2022 年）

指标名称	单位数/个	#有R&D活动的单位数/个	从业人员/人	R&D人员合计/人	#女性	#研究人员	#全时人员	非全时人员	#博士毕业	硕士毕业	本科毕业	其他学历	R&D人员折合全时当量/人年	#研究人员	#基础研究	应用研究	试验发展
总计	70	69	45598	15493	4425	13277	12641	2852	6288	4859	3824	522	10734	9257	4691	4935	1109
一、按隶属关系分																	
中央属	4	4	14188	4440	869	4006	3730	710	2431	1125	656	228	3256	2966	1439	1549	268
地方属	66	65	31410	11053	3556	9271	8911	2142	3857	3734	3168	294	7479	6291	3251	3387	841
二、按区县分																	
渝中区	5	5	8894	2710	1287	1680	2215	495	850	565	1240	55	1885	1199	1333	481	71
大渡口区																	
江北区	1	1	177	24	6	17	19	5	2	10	12		16	11	3	13	1
沙坪坝区	10	10	11215	4364	913	4041	3596	768	2068	1278	788	230	3084	2869	925	1763	396
九龙坡区	4	4	885	331	93	249	265	66	61	165	104	1	221	166	9	194	19
南岸区	5	5	5699	2619	470	2455	2114	505	1272	840	408	99	1778	1669	896	745	136
北碚区	2	2	5499	1924	448	1789	1612	312	1146	582	196		1403	1313	830	563	10
渝北区	2	2	161	66	25	66	54	12	34	26	6		46	46	5	41	
巴南区	3	3	1692	811	357	713	649	162	303	271	162	75	541	476	83	177	281
涪陵区	2	2	777	498	160	442	398	100	217	191	89	1	332	295	160	135	37
长寿区	1	1	302	34	7	33	27	7	3	20	10	1	22	22	4	19	
江津区	5	5	1496	204	59	179	165	39	20	117	58	9	137	119	40	89	8
合川区	6	6	770	177	70	147	142	35	18	119	40		118	98	6	107	4
永川区	8	8	2975	656	189	573	524	132	164	252	192	48	437	381	83	336	18
南川区																	
綦江区																	
潼南区																	

续表

指标名称	单位数/个	#有R&D活动的单位数/个	从业人员/人	R&D人员合计/人	#女性	#研究人员	#全时人员	非全时人员	#博士毕业	硕士毕业	本科毕业	其他学历	R&D人员折合全时当量/人年	#研究人员	#基础研究	应用研究	试验发展
铜梁区																	
大足区	2	1	32	3	1	3	3				3		2	2		2	
荣昌区	2	2	240	29	14	23	23	6	3	14	12		19	15	6	13	
璧山区																	
万州区	10	10	4649	1016	313	845	814	202	125	395	493	3	677	563	300	248	128
梁平区																	
城口县																	
丰都县																	
垫江县																	
忠县																	
开州区																	
云阳县																	
奉节县																	
巫山县																	
巫溪县																	
黔江区	2	2	135	27	13	22	21	6	2	14	11		18	14	8	9	
武隆区																	
石柱土家族自治县																	
秀山土家族苗族自治县																	
酉阳土家族苗族自治县																	
彭水苗族土家族自治县																	

6-4 社会人文类高等学校 R&D 人员（2022 年）

指标名称	单位数/个	#有R&D活动的单位数	从业人员/人	R&D人员合计/人	#女性	#研究人员	#全时人员	非全时人员	#博士毕业	硕士毕业	本科毕业	其他学历	R&D人员折合全时当量/人年	#研究人员	#基础研究	应用研究	试验发展
总计	69	68	26383	26218	11039	20699	111	26107	8818	11271	5966	163	5527	4667	1774	3753	
一、按隶属关系分																	
中央属	2	2	2722	4790	1414	4127	90	4700	2508	1498	764	20	1215	1074	390	825	
地方属	67	66	23661	21428	9625	16572	21	21407	6310	9773	5202	143	4312	3593	1384	2928	
二、按区县分																	
渝中区	2	2	288	175	114	164		175	42	103	29	1	40	38	13	27	
大渡口区																	
江北区	1	1	176	53	38	50		53	13	34	18	1	6	6	2	4	
沙坪坝区	11	11	6601	8071	3342	6896	60	8011	2927	3716	1400	28	2163	1920	694	1469	
九龙坡区	3	3	814	362	245	311		362	13	285	64		80	67	26	54	
南岸区	5	5	3860	5156	2186	4125	13	5143	2113	1939	1090	14	976	808	313	663	
北碚区	2	2	1955	2737	1032	2576	30	2707	1870	658	189	20	442	423	142	300	
渝北区	4	4	2098	3841	929	2033		3841	926	1065	1845	5	616	423	198	418	
巴南区	5	5	1831	1529	722	1144	3	1526	357	732	433	7	367	294	118	249	
涪陵区	2	2	1058	1056	605	827	5	1051	285	636	90	45	220	181	71	149	
长寿区	1	1	130	70	52	52		70	5	48	15	2	8	6	3	6	
江津区	5	5	1150	369	229	259		369	10	267	90	2	47	34	15	32	
合川区	5	5	1871	386	261	309		386	4	314	68		66	55	21	45	
永川区	7	7	1950	1142	647	945		1142	165	735	223	19	228	194	73	155	
南川区																	
綦江区																	
潼南区																	

续表

指标名称	单位数/个	#有R&D活动的单位数	从业人员/人	R&D人员合计/人	#女性	#研究人员	#全时人员	非全时人员	#博士毕业	硕士毕业	本科毕业	其他学历	R&D人员折合当量 全时当量/人年	#研究人员	#基础研究	应用研究	试验发展
铜梁区	2	2	248	65	27	57		65	1	32	32		15	13	5	10	
大足区	4	3	363	68	36	35		68	2	21	44	1	23	12	7	15	
荣昌区	2	2	145	47	25	38		47	1	24	20	2	6	5	2	4	
璧山区	6	6	1663	944	474	757		944	90	550	290	14	197	163	63	134	
万州区																	
梁平区																	
城口县																	
丰都县																	
垫江县																	
忠县																	
开州区																	
云阳县																	
奉节县																	
巫山县																	
巫溪县																	
黔江区	2	2	182	147	75	121		147	7	112	26	2	28	24	9	19	
武隆区																	
石柱土家族自治县																	
秀山土家族苗族自治县																	
酉阳土家族苗族自治县																	
彭水苗族土家族自治县																	

6-5 高等学校 R&D 经费内部支出（2022 年）

单位：万元

指标名称	R&D经费内部支出	#基础研究	应用研究	试验发展	#日常性支出	人员劳务费	资产性支出	仪器设备费	#政府资金	企业资金	境外资金	其他资金	R&D经费外部支出	对国内研究机构支出	对国内高等学校支出	对国内企业支出	对境外机构支出
总计	675483	262282	343643	69558	528648	160370	146836	87383	316751	250922	558	107251	22572	11494	5364	5569	1
一、按隶属关系分																	
中央属	293875	124956	144707	24213	252115	70192	41762	20181	130670	109797	104	53304	17474	10579	3926	2852	
地方属	381608	137326	198936	45345	276533	90178	105075	67203	186082	141125	454	53947	5098	916	1439	2717	
二、按区县分																	
渝中区	61968	46852	8735	6382	37255	13012	24714	11748	50056	5892		6020	922	106	570	247	
大渡口区																	
江北区	3822	240	3362	221	1801	732	2023	175	2196	1588		39					
沙坪坝区	287092	107641	159800	19652	247505	68586	39587	23128	109386	126855	31	50820	10466	5084	1448	3908	
九龙坡区	6156	196	5362	597	4147	2120	2009	2009	1781	2334		2042					
南岸区	107061	34682	62181	10198	72656	22458	34405	23899	49152	44902	428	12579	1806	673	522	611	
北碚区	64202	34755	29167	281	54734	16030	9469	4730	47843	12995	73	3291	9151	5572	2685	777	
渝北区	8319	3376	4944		8211	3224	109	109	6445	1292		582					
巴南区	33997	3367	14264	16368	30142	7960	3855	3821	9114	18920	27	5938	86	60	26		
涪陵区	15334	5443	8900	991	13357	4592	1979	1479	4481	10606		248					
长寿区	761	108	653		633	340	129	129	318	421		22					
江津区	8107	2807	4892	408	6380	1402	1726	1479	1573	5363		1170					
合川区	2659	700	1941	19	1797	749	862	850	1499	598		562					
永川区	25395	7639	17051	705	14821	6049	10574	5562	14343	7828		3224	137		114	23	
南川区																	
綦江区																	
潼南区																	

续表

指标名称	R&D经费内部支出	#基础研究	应用研究	试验发展	#日常性支出	人员劳务费	资产性支出	仪器设备费	#政府资金	企业资金	境外资金	其他资金	R&D经费外部支出	对国内研究机构支出	对国内高等学校支出	对国内企业支出	对境外机构支出
铜梁区	659	365	294		261	65	398	35	214	175		270					
大足区	157	72	84		73	41	84	20	92	1		63					
荣昌区																	
璧山区	82	48	34		76	45	6	6	60	2		20					
万州区	48314	13245	21331	13738	33816	12601	14498	7793	17371	11133		19810	4			4	
梁平区																	
城口县																	
丰都县																	
垫江县																	
忠县																	
开州区																	
云阳县																	
奉节县																	
巫山县																	
巫溪县																	
黔江区	1396	748	648		985	364	412	412	828	18		550					
武隆区																	
石柱土家族自治县																	
秀山土家族苗族自治县																	
酉阳土家族苗族自治县																	
彭水苗族土家族自治县																	

6-6 理工农医类高等学校 R&D 经费内部支出（2022 年）

单位：万元

指标名称	R&D经费内部支出	#基础研究	应用研究	试验发展	#日常性支出	人员劳务费	资产性支出	仪器设备费	#政府资金	企业资金	境外资金	其他资金	R&D经费外部支出	对国内研究机构支出	对国内高等学校支出	对国内企业支出	对境外机构支出
总计	561634	234106	257970	69558	420598	121737	141036	82022	250589	210136	543	100365	20919	11494	5364	4059	1
一、按隶属关系分																	
中央属	255687	118115	113360	24213	217501	60214	38187	16606	110573	91721	89	53304	17357	10579	3926	2852	
地方属	305947	115991	144610	45345	203097	61523	102850	65417	140017	118415	454	47061	3562	916	1439	1207	
二、按区县分																	
渝中区	61490	46534	8575	6382	36843	12791	24647	11681	49604	5892		5994	922	106	570	247	
大渡口区																	
江北区	3754	230	3304	221	1736	701	2019	171	2132	1588		35					
沙坪坝区	235342	95855	119835	19652	199541	54210	35801	19342	83426	103340	31	48545	8930	5084	1448	2398	
九龙坡区	4990	178	4215	597	3055	1647	1935	1935	1043	2126		1822					
南岸区	89590	31769	47623	10198	55675	15679	33915	23409	36977	41256	428	10929	1806	673	522	611	
北碚区	51095	28568	22246	281	41733	10119	9362	4623	37777	10008	58	3252	9034	5572	2685	777	
渝北区	491	28	464		473	162	18	18	428	1		62	86	60	26		
巴南区	28189	2638	9184	16368	24403	6191	3786	3752	6956	15952	27	5255					
涪陵区	8892	4739	3162	991	7061	2953	1832	1332	2146	6538		208					
长寿区	696	57	639		568	308	129	129	265	415		16					
江津区	7071	2497	4166	408	5371	1069	1699	1452	1151	4971		948					
合川区	2017	626	1372	19	1169	379	848	848	1169	533		314					
永川区	21497	6982	13810	705	11332	4041	10165	5153	11515	7195		2787	137		114	23	
南川区																	
綦江区																	
潼南区																	

续表

指标名称	R&D经费内部支出	#基础研究	应用研究	试验发展	#日常性支出	人员劳务费	资产性支出	仪器设备费	#政府资金	企业资金	境外资金	其他资金	R&D经费外部支出	对国内研究机构支出	对国内高等学校支出	对国内企业支出	对境外机构支出
铜梁区																	
大足区	2		2		2	2			2								
荣昌区	34	11	23		28	12	6	6	32								
璧山区																	
万州区	45327	12815	18774	13738	30863	11281	14464	7759	15346	10320		19661	4			4	
梁平区																	
城口县																	
丰都县																	
垫江县																	
忠县																	
开州区																	
云阳县																	
奉节县																	
巫山县																	
巫溪县																	
黔江区	1157	580	577		746	194	412	412	621			536					
武隆区																	
石柱土家族自治县																	
秀山土家族苗族自治县																	
酉阳土家族苗族自治县																	
彭水苗族土家族自治县																	

6-7 社会人文类高等学校 R&D 经费内部支出（2022 年）

单位：万元

指标名称	R&D经费内部支出	#基础研究	应用研究	试验发展	#日常性支出	人员劳务费	资产性支出	仪器设备费	#政府资金	企业资金	境外资金	其他资金	R&D经费外部支出	对国内研究机构支出	对国内高等学校支出	对国内企业支出	对境外机构支出
总计	113849	28176	85673		108050	38633	5800	5361	66162	40786	15	6886	1653			1510	
一、按隶属关系分																	
中央属	38188	6841	31347		34614	9978	3575	3575	20097	18076	15		117				
地方属	75661	21335	54326		73436	28655	2225	1786	46065	22710		6886	1536			1510	
二、按区县分																	
渝中区	478	318	160		412	221	67	67	452			26					
大渡口区																	
江北区	68	10	58		65	31	4	4	64			4					
沙坪坝区	51750	11786	39965		47964	14376	3786	3786	25960	23515		2275	1536			1510	
九龙坡区	1166	18	1147		1092	473	74	74	738	208		220					
南岸区	17471	2913	14558		16981	6779	490	490	12175	3646		1650					
北碚区	13107	6187	6921		13001	5911	107	107	10066	2987	15	39	117				
渝北区	7828	3348	4480		7738	3062	91	91	6017	1291		520					
巴南区	5808	729	5080		5739	1769	69	69	2158	2968		683					
涪陵区	6442	704	5738		6296	1639	147	147	2335	4068		40					
长寿区	65	51	14		65	32			53	6		6					
江津区	1036	310	726		1009	333	27	27	422	392		222					
合川区	642	74	569		628	370	14	2	330	65		248					
永川区	3898	657	3241		3489	2008	409	409	2828	633		437					
南川区																	
綦江区																	
潼南区																	

续表

指标名称	R&D经费内部支出	#基础研究	应用研究	试验发展	#日常性支出	人员劳务费	资产性支出	仪器设备费	#政府资金	企业资金	境外资金	其他资金	R&D经费外部支出	对国内研究机构支出	对国内高等学校支出	对国内企业支出	对境外机构支出
铜梁区	659	365	294		261	65	398	35	214	175		270					
大足区	155	72	82		71	39	84	20	90	1		63					
荣昌区																	
璧山区	48	37	11		48	33	34	34	28			20					
万州区	2987	430	2557		2953	1320	34	34	2025	813		149					
梁平区																	
城口县																	
丰都县																	
垫江县																	
忠 县																	
开州区																	
云阳县																	
奉节县																	
巫山县																	
巫溪县																	
黔江区	239	168	71		239	170			207	18		14					
武隆区																	
石柱土家族自治县																	
秀山土家族苗族自治县																	
酉阳土家族苗族自治县																	
彭水苗族土家族自治县																	

6-8 高等学校 R&D 活动产出（2022 年）

指标名称	专利申请数/件	发明专利	专利授权数/件	发明专利	拥有有效发明专利数/件	专利所有权转让及许可数/件	专利所有权转让及许可收入/万元	集成电路布图设计登记数/件	植物新品种权授予数/项	形成国家或行业技术标准数/项	发表科技论文数/篇	国外发表	出版科技著作/种
总计	8202	6146	7430	4791	16694	472	2717.3	15	7	22	44741	22967	1528
一、按隶属关系分													
中央属	2601	2299	2180	1692	6771	61	949.3	15	3	13	17171	13011	245
地方属	5601	3847	5250	3099	9923	411	1768		4	9	27570	9956	1283
二、按区县分													
渝中区	405	269	438	132	378	7	74				8452	4532	44
大渡口区													
江北区	173	26	75	12	22	5	2.6				100		11
沙坪坝区	2869	2376	2078	1558	6772	111	963.1	15		13	16732	11808	434
九龙坡区	194	115	219	75	341	6	1				398	91	17
南岸区	2031	1832	1998	1729	4929	235	1093.6			2	5133	2160	209
北碚区	493	371	644	443	1378	10	266.2		3	5	4309	2441	160
渝北区	17	5	13	6	18						1469	22	135
巴南区	441	376	417	342	741	21	65.2				1765	567	54
涪陵区	72	37	48	21	749				4		703	291	42
长寿区	226	74	201	23	41	7	3.5				192	43	62
江津区	442	258	461	210	525	15	22.3				1404	110	89
合川区	72	33	105	44	136	10	65.5				572	66	70
永川区	346	223	322	152	487	36	99.1			1	1314	464	93
南川区													
綦江区													
潼南区													

续表

指标名称	专利申请数/件	发明专利	专利授权数/件	发明专利	拥有有效发明专利数/件	专利所有权转让及许可数/件	专利所有权转让及许可收入/万元	集成电路布图设计登记数/件	植物新品种权授予数/项	形成国家或行业技术标准数/项	发表科技论文数/篇	国外发表	出版科技著作/种
铜梁区	5	5									91		6
大足区	2		4								51	1	8
荣昌区													
璧山区	20	11	61	1	2						66		6
万州区	334	133	255	41	175	9	61.2			1	1880	363	85
梁平区													
城口县													
丰都县													
垫江县													
忠县													
开州区													
云阳县													
奉节县													
巫山县													
巫溪县													
黔江区	60	2	91	2							110	8	3
武隆区													
石柱土家族自治县													
秀山土家族苗族自治县													
酉阳土家族苗族自治县													
彭水苗族土家族自治县													

6-9 理工农医类高等学校 R&D 活动产出（2022 年）

指标名称	专利申请数/件	发明专利	专利授权数/件	发明专利	拥有有效发明专利数/件	专利所有权转让及许可数/件	专利所有权转让及许可收入/万元	集成电路布图设计登记数/件	植物新品种权授予数/项	形成国家或行业技术标准数/项	发表科技论文数/篇	国外发表	出版科技著作/种
总计	8128	6133	7370	4789	16688	472	2717.3	15	7	21	34182	21731	562
一、按隶属关系分													
中央属	2601	2299	2180	1692	6771	61	949.3	15	3	13	14598	12361	74
地方属	5527	3834	5190	3097	9917	411	1768.0		4	8	19584	9370	488
二、按区县分													
渝中区	405	269	438	132	378	7	74				8373	4516	34
大渡口区													
江北区	164	26	75	12	22	5	2.6				88		6
沙坪坝区	2869	2376	2078	1558	6772	111	963.1	15		12	13690	11247	165
九龙坡区	194	115	219	75	341	6	1				208	57	13
南岸区	2031	1832	1998	1729	4929	235	1093.6			2	3634	1910	64
北碚区	485	365	644	443	1372	10	266.2		3	5	2903	2164	17
渝北区	10	5	13	6	18						104	12	7
巴南区	441	376	417	342	741	21	65.2				1112	565	16
涪陵区	72	37	48	21	749				4		500	281	16
长寿区	226	74	201	23	41	7	3.5				80	40	28
江津区	435	258	454	210	525	15	22.3				1085	110	83
合川区	70	33	105	44	136	10	65.5				226	61	23
永川区	346	223	315	152	487	36	99.1			1	806	430	26
南川区													
綦江区													
潼南区													

续表

指标名称	专利申请数/件	发明专利	专利授权数/件	发明专利	拥有有效发明专利数/件	专利所有权转让及许可数/件	专利所有权转让及许可收入/万元	集成电路布图设计登记数/件	植物新品种权授予数/项	形成国家或行业技术标准数/项	发表科技论文数/篇	国外发表	出版科技著作/种
铜梁区													
大足区	2		4								6		5
荣昌区	20	11	61	1	2						52		3
璧山区	329	133	252	41	175	9	61.2			1	1273	338	55
万州区													
梁平区													
城口县													
丰都县													
垫江县													
忠县													
开州区													
云阳县													
奉节县													
巫山县													
巫溪县													
黔江区	29		48								42		1
武隆区													
石柱土家族自治县													
秀山土家族苗族自治县													
酉阳土家族苗族自治县													
彭水苗族土家族自治县													

6-10 社会人文类高等学校 R&D 活动产出（2022 年）

指标名称	专利申请数 /件	发明专利	专利授权数 /件	发明专利	拥有有效发明专利数 /件	专利所有权转让及许可数 /件	专利所有权转让及许可收入 /万元	集成电路布图设计登记数 /件	植物新品种权授予数 /项	形成国家或行业技术标准数 /项	发表科技论文数 /篇	国外发表	出版科技著作 /种
总计	74	13	60	2	6					1	10559	1236	966
一、按隶属关系分													
中央属											2573	650	171
地方属	74	13	60	2	6					1	7986	586	795
二、按区县分													
渝中区											79	16	10
大渡口区													
江北区	9										12		5
沙坪坝区										1	3042	561	269
九龙坡区	8	6									190	34	4
南岸区	7										1499	250	145
北碚区					6						1406	277	143
渝北区											1365	10	128
巴南区											653	2	38
涪陵区											203	10	26
长寿区											112	3	34
江津区	7		7								319		6
合川区	2		7								346	5	47
永川区											508	34	67
南川区													
綦江区													
潼南区													

续表

指标名称	专利申请数 /件	发明专利	专利授权数 /件	发明专利	拥有有效发明专利数 /件	专利所有权转让及许可数 /件	专利所有权转让及许可收入 /万元	集成电路布图设计登记数 /件	植物新品种权授予数 /项	形成国家或行业技术标准数 /项	发表科技论文数 /篇	国外发表	出版科技著作 /种
铜梁区	5	5									91		6
大足区											45	1	3
荣昌区													
璧山区	5		3								14		3
万州区											607	25	30
梁平区													
城口县													
丰都县													
垫江县													
忠 县													
开州区													
云阳县													
奉节县													
巫山县													
巫溪县													
黔江区	31	2	43	2							68	8	2
武隆区													
石柱土家族自治县													
秀山土家族苗族自治县													
酉阳土家族苗族自治县													
彭水苗族土家族自治县													

6-11 高等学校 R&D 课题情况（2022 年）

指标名称	项目（课题）数/项	项目（课题）参加人员折合全时当量/人年	#研究人员	项目（课题）经费内部支出/万元
总计	40271	16259.5	13922.4	341302.9
一、按项目（课题）来源分				
本单位自选项目	7476	2042.6	1701.4	31211.8
政府部门科技项目	22859	9422.1	8032.9	165203.9
其他企业（单位）委托项目	9031	4390.3	3818.5	133048.9
境外项目	25	14.3	13.5	450.5
其他项目	880	390.2	356	11387.8
二、按项目（课题）合作形式分				
自主完成	34487	13219.6	11517.3	273903.2
与境内研究机构合作	347	265.8	230	4557.8
与境内高等学校合作	1877	934.3	672.4	16182.9
与境内其他企业或单位合作	1040	632.1	464.8	8634.5
与境外机构合作	149	58.9	48.8	1772
委托其他企业或单位				
其他形式	2371	1148.8	989.1	36252.5
三、按活动类型分				
基础研究	16605	6464.2	5453.7	134572
应用研究	21440	8686.4	7506.3	175358.5
试验发展	2226	1108.9	962.4	31372.4
四、按学科分				
自然科学	3188	1681.7	1578.2	34317.5
农业科学	1147	671.1	607.1	16590.1
医药科学	4099	2767.1	1921.0	28697.4
工程与技术科学	15521	7023.2	6340.2	232750.5
人文与社会科学	16316.0	4116.4	3475.9	28947.3
五、按服务的国民经济行业分				
农、林、牧、渔业				
农业	929	452	398.4	8846.3
林业	76	64.3	61.3	570.9
畜牧业	133	107.3	104.1	983.3
渔业	85	51.9	47.8	621.7
农、林、牧、渔服务业	246	132.8	122.1	1186
采矿业				
煤炭开采和洗选业	127	70.2	58.2	950.8

续表

指标名称	项目(课题)数/项	项目(课题)参加人员折合全时当量/人年	#研究人员	项目(课题)经费内部支出/万元
石油和天然气开采业	28	11.8	10.0	287.9
黑色金属矿采选业	6	4.2	4.1	129.4
有色金属矿采选业	6	5.1	4.4	32.6
非金属矿采选业				
开采辅助活动	5	4.1	3.8	79.1
其他采矿业	11	3.1	2.7	23.2
制造业				
农副食品加工业	46	30.0	28.5	426.0
食品制造业	60	26.6	22.2	249.4
酒、饮料和精制茶制造业	23	14.7	11.6	110.2
烟草制品业	8	3.1	3.0	35.1
纺织业	14	10.9	9.9	41.4
纺织服装、服饰业	7	2.7	2.3	16.7
皮革、毛皮、羽毛及其制品和制鞋业	2	2.3	1.6	5.3
木材加工及木、竹、藤、棕、草制品业	1	0.1	0.1	4.2
家具制造业	11	2.9	2.3	19.5
造纸和纸制品业	1	1.2	0.6	4.0
印刷和记录媒介复制业	3	2.7	1.8	7.6
文教、工美、体育和娱乐用品制造业	40	12.9	11.3	128.2
石油加工、炼焦和核燃料加工业	3	2.0	1.9	3.4
化学原料和化学制品制造业	263	163.8	140.2	3193.2
医药制造业	241	119.4	105.4	1682.4
化学纤维制造业	8	2.9	2.9	38.7
橡胶和塑料制品业	7	4.6	4.5	69.8
非金属矿物制品业	23	9.1	8.4	78.4
黑色金属冶炼和压延加工业	51	30.9	29.2	1378.3
有色金属冶炼和压延加工业	30	18.0	16.6	478.9
金属制品业	34	14.9	14.4	192.5
通用设备制造业	301	118.6	107.6	3610.1
专用设备制造业	910	595.8	580.5	21558.8
汽车制造业	268	140.5	124.9	5721.4
铁路、船舶、航空航天和其他运输设备制造业	50	12.6	11.1	162
电气机械和器材制造业	325	143.6	130.9	3336.1
计算机、通信和其他电子设备制造业	554	239.3	213.6	5644

续表

指标名称	项目（课题）数/项	项目（课题）参加人员折合全时当量/人年	#研究人员	项目（课题）经费内部支出/万元
仪器仪表制造业	28	22.4	21.5	288.5
其他制造业	46	12.8	10.8	100.0
废弃资源综合利用业	7	2.9	2.0	11.4
金属制品、机械和设备修理业	96	47.4	41.3	1642.7
电力、热力、燃气及水生产和供应业				
电力、热力生产和供应业	352	179.5	165.6	9355.3
燃气生产和供应业	5	1.3	1.0	9.0
水的生产和供应业	15	7.9	7.5	132.0
建筑业				
房屋建筑业	318	169.3	156.3	7512.8
土木工程建筑业	148	83	67.9	591.4
建筑安装业	21	14.1	12.8	29
建筑装饰和其他建筑业	82	26.5	22.9	191.8
批发和零售业				
批发业	97	55.8	47.1	747.5
零售业	30	8.2	7.3	55.6
交通运输、仓储和邮政业				
铁路运输业	12	2.9	2.5	24.8
道路运输业	103	57.5	44.6	399.6
水上运输业	7	2.7	2.5	15.5
航空运输业	6	1.5	1.3	15.8
管道运输业	1	0.3	0.2	2.3
装卸搬运和运输代理业	9	2.2	1.9	18.7
仓储业	3	0.8	0.7	6.8
邮政业	9	2.4	2.0	20.3
住宿和餐饮业				
住宿业	15	4.0	3.4	33.8
餐饮业	16	5.0	4.2	32.0
信息传输、软件和信息技术服务业				
电信、广播电视和卫星传输服务	948	518.4	500.3	17691.1
互联网和相关服务	438	280.8	253.1	6547.6
软件和信息技术服务业	739	487.6	423.3	7437.6
金融业				
货币金融服务	79	20.3	17.3	179.3

指标名称	项目（课题）数 /项	项目（课题）参加人员折合全时当量 /人年	#研究人员	项目（课题）经费内部支出 /万元
资本市场服务	44	12.9	11.4	106.4
保险业	9	5.2	2.7	24.9
其他金融业	196	53.7	45.5	442.1
房地产业				
房地产业	61	28.8	27	1267.9
租赁和商务服务业				
租赁业	4	1.0	0.8	8.6
商务服务业	688	234.2	202.3	3912.5
科学研究和技术服务业				
研究和试验发展	6929	3127.7	2846.4	125278.7
专业技术服务业	507	190.1	172.9	2065.2
科技推广和应用服务业	1287	622	595.4	27837.5
水利、环境和公共设施管理业				
水利管理业	21	16.6	15.7	212.1
生态保护和环境治理业	273	118.7	110.2	1035.9
公共设施管理业	64	25	20.5	141.3
土地管理业	28	9.2	7.9	67.9
居民服务、修理和其他服务业				
居民服务业	94	26.1	22.0	210.5
机动车、电子产品和日用产品修理业	256	68.1	57.5	572.2
其他服务业	1956	527.5	446.2	4398.6
教育				
教育	12151	3487.4	2973.7	30411.7
卫生和社会工作				
卫生	3047	1861.9	1170.1	14851.9
社会工作	1277	437.4	327.5	7191.7
文化、体育和娱乐业				
新闻和出版业	119	31.6	26.6	262.5
广播、电视、电影和影视录音制作业	155	41.5	35.0	346.9
文化艺术业	1147	307.3	259.8	2573.1
体育	79	21.6	18.2	182.1
娱乐业	25	6.7	5.7	56.3
公共管理、社会保障和社会组织				

续表

指标名称	项目（课题）数/项	项目（课题）参加人员折合全时当量/人年	#研究人员	项目（课题）经费内部支出/万元
中国共产党机关	335	88.6	75.7	734.2
国家机构	453	125.3	107.2	1011.5
人民政协、民主党派	28	7.5	6.3	63.0
社会保障	398	106.8	90.3	872.5
群众团体、社会团体和其他成员组织	44	11.8	10.0	96.8
基层群众自治组织	10	2.7	2.3	25.4
国际组织				
国际组织	19	5.1	4.3	42.8
六、按项目（课题）社会经济目标分				
环境保护、生态建设及污染防治	690	332.6	306.9	3316.8
能源生产、分配和合理利用	1275	781.9	749.5	29130.9
卫生事业的发展	4258	2852.4	1994.9	31490.7
教育事业的发展	8578	2361.6	2000.5	19796
基础设施以及城市和农村规划	618	225.3	189.4	1800.9
社会发展和社会服务	5240	1674.5	1433.7	13756.6
地球和大气层的探索与利用	24	19.8	18.1	84.8
民用空间探测及开发	8	4.6	4.4	26.1
农林牧渔业发展	1090	630.4	565.2	10640.4
工商业发展	5581	2715.2	2436.6	66517.3
非定向研究	12821	4637.1	4203.1	164541.1
其他民用目标	61	16.3	13.8	137.3
国防	27	7.8	6.5	64.2
七、按隶属关系分				
中央属	10211	4468.2	3990.1	181929.2
地方属	30060	11791.3	9932.3	159373.7
八、按区县分				
渝中区	2772	1924.8	1232	20796.4
大渡口区				
江北区	69	22.2	16.5	413.6
沙坪坝区	12519	5245.5	4694.7	181635.4
九龙坡区	506	300.2	232.9	1968.5
南岸区	8106	2754.1	2493.6	63464.6
北碚区	4598	1844.6	1685.7	32908.7

续表

指标名称	项目(课题)数/项	项目（课题）参加人员折合全时当量/人年	#研究人员	项目（课题）经费内部支出/万元
渝北区	2906	661	565.2	2899.3
巴南区	2487	907.6	785.3	17815
涪陵区	1199	551.3	480.3	6836.9
长寿区	158	30.8	28.8	123.6
江津区	701	184	158.8	1793.8
合川区	553	184.3	153.9	543.7
永川区	1762	665.2	573.8	4079.3
南川区				
綦江区				
潼南区				
铜梁区	38	14.8	12.5	204.3
大足区	70	24.7	20.9	25.9
荣昌区				
璧山区	52	25.3	20.1	38.9
万州区	1545	873.8	729.6	5555
梁平区				
城口县				
丰都县				
垫江县				
忠　县				
开州区				
云阳县				
奉节县				
巫山县				
巫溪县				
黔江区	230	45.3	37.7	200
武隆区				
石柱土家族自治县				
秀山土家族苗族自治县				
酉阳土家族苗族自治县				
彭水苗族土家族自治县				

6-12 理工农医类高等学校 R&D 课题情况（2022 年）

指标名称	项目（课题）数/项	项目（课题）参加人员折合全时当量/人年	#研究人员	项目（课题）经费内部支出/万元
总计	19615	10734.4	9257.0	294801.8
一、按项目（课题）来源分				
本单位自选项目	2392	1156.5	953.2	28507.0
政府部门科技项目	10885	5964.0	5112.9	148294.8
其他企业（单位）委托项目	5460	3216.7	2827.5	106181.7
境外项目	18	12.5	12.0	435.9
其他项目	860	384.7	351.4	11382.4
二、按项目（课题）合作形式分				
自主完成	15344	8099.2	7193.6	230808.2
与境内研究机构合作	291	250.8	217.3	4431.7
与境内高等学校合作	771	638.5	422.6	13693.1
与境内其他企业或单位合作	769	559.6	403.6	8024.4
与境外机构合作	144	57.6	47.7	1760.7
委托其他企业或单位				
其他形式	2296	1128.7	972.2	36083.7
三、按活动类型分				
基础研究	8591	4690.5	3956.0	121905.6
应用研究	8798	4935.0	4338.6	141523.8
试验发展	2226	1108.9	962.4	31372.4
四、按学科分				
自然科学	2959	1632.1	1536.3	33714.0
农业科学	1147	671.1	607.1	16590.1
医药科学	4099	2767.1	1921.0	28697.4
工程与技术科学	11410	5664.1	5192.6	215800.3
人文与社会科学				
五、按服务的国民经济行业分				
农、林、牧、渔业				
农业	662	380.6	338.1	8245.2
林业	74	63.8	60.8	566.4
畜牧业	131	106.8	103.6	978.8
渔业	85	51.9	47.8	621.7
农、林、牧、渔服务业	217	125.0	115.5	1120.7
采矿业				
煤炭开采和洗选业	127	70.2	58.2	950.8

续表

指标名称	项目（课题）数/项	项目（课题）参加人员折合全时当量/人年	#研究人员	项目（课题）经费内部支出/万元
石油和天然气开采业	27	11.5	9.8	285.6
黑色金属矿采选业	6	4.2	4.1	129.4
有色金属矿采选业	6	5.1	4.4	32.6
非金属矿采选业				
开采辅助活动	5	4.1	3.8	79.1
其他采矿业	1	0.4	0.4	0.7
制造业				
农副食品加工业	43	29.2	27.8	419.2
食品制造业	59	26.3	22.0	247.1
酒、饮料和精制茶制造业	23	14.7	11.6	110.2
烟草制品业	5	2.3	2.3	28.3
纺织业	14	10.9	9.9	41.4
纺织服装、服饰业	1	1.1	0.9	3.2
皮革、毛皮、羽毛及其制品和制鞋业	2	2.3	1.6	5.3
木材加工及木、竹、藤、棕、草制品业	1	0.1	0.1	4.2
家具制造业	7	1.8	1.4	10.5
造纸和纸制品业	1	1.2	0.6	4.0
印刷和记录媒介复制业	2	2.4	1.6	5.3
文教、工美、体育和娱乐用品制造业	3	3.0	2.9	44.9
石油加工、炼焦和核燃料加工业	3	2.0	1.9	3.4
化学原料和化学制品制造业	263	163.8	140.2	3193.2
医药制造业	233	117.3	103.6	1664.4
化学纤维制造业	6	2.4	2.4	34.2
橡胶和塑料制品业	6	4.3	4.3	67.5
非金属矿物制品业	23	9.1	8.4	78.4
黑色金属冶炼和压延加工业	51	30.9	29.2	1378.3
有色金属冶炼和压延加工业	29	17.7	16.4	476.6
金属制品业	33	14.6	14.2	190.2
通用设备制造业	296	117.3	106.5	3598.8
专用设备制造业	908	595.3	580.0	21554.3
汽车制造业	258	137.8	122.6	5698.9
铁路、船舶、航空航天和其他运输设备制造业	28	6.7	6.1	112.5
电气机械和器材制造业	323	143.1	130.4	3286.6
计算机、通信和其他电子设备制造业	494	223.2	200.0	5508.9

续表

指标名称	项目（课题）数/项	项目（课题）参加人员折合全时当量/人年	#研究人员	项目（课题）经费内部支出/万元
仪器仪表制造业	26	21.9	21.0	284.0
其他制造业	2	1.0	0.9	0.9
废弃资源综合利用业	3	1.8	1.1	2.4
金属制品、机械和设备修理业	95	47.1	41.1	1640.4
电力、热力、燃气及水生产和供应业				
电力、热力生产和供应业	351	179.2	165.4	9353.0
燃气生产和供应业	1	0.2	0.1	
水的生产和供应业	14	7.6	7.3	129.7
建筑业				
房屋建筑业	298	163.9	151.8	7467.8
土木工程建筑业	122	76.0	62.0	532.9
建筑安装业	16	12.8	11.7	17.7
建筑装饰和其他建筑业	37	14.5	12.7	90.5
批发和零售业				
批发业	90	53.9	45.5	731.7
零售业	8	2.3	2.3	6.1
交通运输、仓储和邮政业				
铁路运输业	1			
道路运输业	61	46.3	35.1	305.0
水上运输业	1	1.1	1.1	2.0
航空运输业	3	0.7	0.6	9.0
管道运输业				
装卸搬运和运输代理业	1	0.1	0.1	0.7
仓储业				
邮政业				
住宿和餐饮业				
住宿业				
餐饮业	5	2.1	1.7	7.2
信息传输、软件和信息技术服务业				
电信、广播电视和卫星传输服务	937	515.5	497.8	17666.3
互联网和相关服务	280	238.5	217.4	6191.9
软件和信息技术服务业	703	478.0	415.2	7356.6
金融业				
货币金融服务	13	2.6	2.4	30.7

指标名称	项目（课题）数/项	项目（课题）参加人员折合全时当量/人年	#研究人员	项目（课题）经费内部支出/万元
资本市场服务	10	3.8	3.7	29.9
保险业	2	1.3	1.1	9.1
其他金融业	2	1.8	1.7	5.4
房地产业				
房地产业	39	22.9	22.0	1218.4
租赁和商务服务业				
租赁业	1	0.2	0.1	1.8
商务服务业	246	116.0	102.5	2917.5
科学研究和技术服务业				
研究和试验发展	6574	3032.7	2766.2	124479.5
专业技术服务业	417	166.0	152.6	1862.6
科技推广和应用服务业	1116	576.3	556.8	27452.5
水利、环境和公共设施管理业				
水利管理业	16	15.3	14.6	200.8
生态保护和环境治理业	162	89.0	85.1	786.0
公共设施管理业	16	12.2	9.7	33.2
土地管理业	7	3.6	3.1	20.6
居民服务、修理和其他服务业				
居民服务业	2	1.5	1.2	3.4
机动车、电子产品和日用产品修理业	2	0.2	0.1	0.4
其他服务业	10	7.0	6.7	17.7
教育				
教育	584	393.4	361.2	4371.9
卫生和社会工作				
卫生	2625	1749.0	1074.8	13901.9
社会工作	214	153.1	87.4	4798.7
文化、体育和娱乐业				
新闻和出版业	2	0.3	0.2	0.1
广播、电视、电影和影视录音制作业				
文化艺术业	10	3.2	3.0	13.5
体育	1	0.7	0.6	6.5
娱乐业				
公共管理、社会保障和社会组织				

续表

指标名称	项目（课题）数/项	项目（课题）参加人员折合全时当量/人年	#研究人员	项目（课题）经费内部支出/万元
中国共产党机关				
国家机构	30	12.2	11.7	59.2
人民政协、民主党派				
社会保障	2	0.9	0.9	1.0
群众团体、社会团体和其他成员组织	1	0.3	0.3	2.9
基层群众自治组织				
国际组织				
国际组织				
六、按项目（课题）社会经济目标分				
环境保护、生态建设及污染防治	379	249.4	236.6	2616.7
能源生产、分配和合理利用	1242	773.1	742.0	29056.6
卫生事业的发展	4130	2818.2	1966.0	31202.5
教育事业的发展	212	123.8	110.9	962.3
基础设施以及城市和农村规划	197	112.7	94.3	853.1
社会发展和社会服务	543	418.1	372.8	3182.6
地球和大气层的探索与利用	21	19.0	17.4	78.0
民用空间探测及开发	7	4.3	4.2	23.8
农林牧渔业发展	1017	610.9	548.7	10476.1
工商业发展	4466	2417.0	2184.8	64007.2
非定向研究	7399	3186.8	2978.5	152335.0
其他民用目标				
国防	2	1.1	0.8	7.9
七、按隶属关系分				
中央属	6309	3255.9	2966.4	161945.5
地方属	13306	7478.5	6290.6	132856.3
八、按区县分				
渝中区	2631	1885.1	1198.5	20612.0
大渡口区				
江北区	43	16.0	11.3	400.5
沙坪坝区	6588	3083.9	2869.4	159492.3
九龙坡区	276	220.7	165.8	1738.2
南岸区	3687	1777.6	1669.0	57091.6
北碚区	1898	1403.3	1313.1	25831.1

续表

指标名称	项目(课题)数/项	项目(课题)参加人员折合全时当量/人年	#研究人员	项目(课题)经费内部支出/万元
渝北区	174	45.5	45.5	411.8
巴南区	1289	540.7	475.5	15426.4
涪陵区	579	331.6	294.8	3772.1
长寿区	77	22.4	21.7	96.9
江津区	293	136.8	118.9	1203.1
合川区	200	117.9	97.8	420.8
永川区	731	437.3	381.4	3440.1
南川区				
綦江区				
潼南区				
铜梁区				
大足区	7	2.1	1.8	2.0
荣昌区				
璧山区	25	19.1	14.9	30.9
万州区	1004	676.7	563.2	4683.1
梁平区				
城口县				
丰都县				
垫江县				
忠　县				
开州区				
云阳县				
奉节县				
巫山县				
巫溪县				
黔江区	113	17.7	14.4	148.9
武隆区				
石柱土家族自治县				
秀山土家族苗族自治县				
酉阳土家族苗族自治县				
彭水苗族土家族自治县				

6-13 社会人文类高等学校 R&D 课题情况 （2022 年）

指标名称	项目（课题）数 /项	项目（课题）参加人员折合全时当量 /人年	#研究人员	项目（课题）经费内部支出 /万元
总计	20656	5525.1	4665.4	46501.1
一、按项目（课题）来源分				
政府部门科技项目（课题）	11974	3458.1	2920.0	16909.1
自选科技项目（课题）	5084	886.1	748.2	2704.8
其他企业委托科技项目（课题）	3571	1173.6	991.0	26867.2
来自国外的科技项目（课题）	7	1.8	1.5	14.6
其他科技项目（课题）	20	5.5	4.6	5.4
二、按项目（课题）合作形式分				
独立完成	19143	5120.4	4323.7	43095.0
与境内独立研究机构合作	56	15.0	12.7	126.1
与境内高等学校合作	1106	295.8	249.8	2489.8
与境内注册其他企业合作	271	72.5	61.2	610.1
与境外机构合作	5	1.3	1.1	11.3
其他形式	75	20.1	16.9	168.8
三、按活动类型分				
基础研究	8014	1773.7	1497.7	12666.4
应用研究	12642	3751.4	3167.7	33834.7
试验发展				
四、按学科分				
自然科学	229	49.6	41.9	603.5
农业科学				
医药科学				
工程与技术科学	4111	1359.1	1147.6	16950.2
人文与社会科学	16316.0	4116.4	3475.9	28947.3
五、按服务的国民经济行业分				
农、林、牧、渔业				
农业	267	71.4	60.3	601.1
林业	2	0.5	0.5	4.5
畜牧业	2	0.5	0.5	4.5
渔业				
农、林、牧、渔服务业	29	7.8	6.6	65.3
采矿业				
煤炭开采和洗选业				
石油和天然气开采业	1	0.3	0.2	2.3

续表

指标名称	项目(课题)数/项	项目（课题）参加人员折合全时当量/人年	#研究人员	项目（课题）经费内部支出/万元
黑色金属矿采选业				
有色金属矿采选业				
非金属矿采选业				
开采辅助活动	1	0.3	0.2	2.3
其他采矿业	10	2.7	2.3	22.5
制造业				
农副食品加工业	3	0.8	0.7	6.8
食品制造业	1	0.3	0.2	2.3
酒、饮料和精制茶制造业				
烟草制品业	3	0.8	0.7	6.8
纺织业				
纺织服装、服饰业	6	1.6	1.4	13.5
皮革、毛皮、羽毛及其制品和制鞋业				
木材加工及木、竹、藤、棕、草制品业				
家具制造业	4	1.1	0.9	9.0
造纸和纸制品业				
印刷和记录媒介复制业	1	0.3	0.2	2.3
文教、工美、体育和娱乐用品制造业	37	9.9	8.4	83.3
石油加工、炼焦和核燃料加工业				
化学原料和化学制品制造业				
医药制造业	8	2.1	1.8	18.0
化学纤维制造业	2	0.5	0.5	4.5
橡胶和塑料制品业	1	0.3	0.2	2.3
非金属矿物制品业				
黑色金属冶炼和压延加工业				
有色金属冶炼和压延加工业	1	0.3	0.2	2.3
金属制品业	1	0.3	0.2	2.3
通用设备制造业	5	1.3	1.1	11.3
专用设备制造业	2	0.5	0.5	4.5
汽车制造业	10	2.7	2.3	22.5
铁路、船舶、航空航天和其他运输设备制造业	22	5.9	5.0	49.5
电气机械和器材制造业	2	0.5	0.5	4.5
计算机、通信和其他电子设备制造业	60	16.1	13.6	135.1
仪器仪表制造业	2	0.5	0.5	4.5

续表

指标名称	项目（课题）数 /项	项目（课题）参加人员折合全时当量 /人年	#研究人员	项目（课题）经费内部支出 /万元
其他制造业	44	11.8	9.9	99.1
废弃资源综合利用业	4	1.1	0.9	9.0
金属制品、机械和设备修理业	1	0.3	0.2	2.3
电力、热力、燃气及水生产和供应业				
电力、热力生产和供应业	1	0.3	0.2	2.3
燃气生产和供应业	4	1.1	0.9	9.0
水的生产和供应业	1	0.3	0.2	2.3
建筑业				
房屋建筑业	20	5.4	4.5	45.0
土木工程建筑业	26	7.0	5.9	58.5
建筑安装业	5	1.3	1.1	11.3
建筑装饰和其他建筑业	45	12.0	10.2	101.3
批发和零售业				
批发业	7	1.9	1.6	15.8
零售业	22	5.9	5.0	49.5
交通运输、仓储和邮政业				
铁路运输业	11	2.9	2.5	24.8
道路运输业	42	11.2	9.5	94.6
水上运输业	6	1.6	1.4	13.5
航空运输业	3	0.8	0.7	6.8
管道运输业	1	0.3	0.2	2.3
装卸搬运和运输代理业	8	2.1	1.8	18.0
仓储业	3	0.8	0.7	6.8
邮政业	9	2.4	2.0	20.3
住宿和餐饮业				
住宿业	15	4.0	3.4	33.8
餐饮业	11	2.9	2.5	24.8
信息传输、软件和信息技术服务业				
电信、广播电视和卫星传输服务	11	2.9	2.5	24.8
互联网和相关服务	158	42.3	35.7	355.7
软件和信息技术服务业	36	9.6	8.1	81.0
金融业				
货币金融服务	66	17.7	14.9	148.6
资本市场服务	34	9.1	7.7	76.5

续表

指标名称	项目(课题)数/项	项目（课题）参加人员折合全时当量/人年	#研究人员	项目（课题）经费内部支出/万元
保险业	7	1.9	1.6	15.8
其他金融业	194	51.9	43.8	436.7
房地产业				
房地产业	22	5.9	5.0	49.5
租赁和商务服务业				
租赁业	3	0.8	0.7	6.8
商务服务业	442	118.2	99.8	995.0
科学研究和技术服务业				
研究和试验发展	355	95.0	80.2	799.2
专业技术服务业	90	24.1	20.3	202.6
科技推广和应用服务业	171	45.7	38.6	385.0
水利、环境和公共设施管理业				
水利管理业	5	1.3	1.1	11.3
生态保护和环境治理业	111	29.7	25.1	249.9
公共设施管理业	48	12.8	10.8	108.1
土地管理业	21	5.6	4.8	47.3
居民服务、修理和其他服务业				
居民服务业	92	24.6	20.8	207.1
机动车、电子产品和日用产品修理业	254	67.9	57.4	571.8
其他服务业	1946	520.5	439.5	4380.9
教育				
教育	11567	3094.0	2612.5	26039.8
卫生和社会工作				
卫生	422	112.9	95.3	950.0
社会工作	1063	284.3	240.1	2393.0
文化、体育和娱乐业				
新闻和出版业	117	31.3	26.4	263.4
广播、电视、电影和影视录音制作业	155	41.5	35.0	348.9
文化艺术业	1137	304.1	256.8	2559.6
体育	78	20.9	17.6	175.6
娱乐业	25	6.7	5.7	56.3
公共管理、社会保障和社会组织				
中国共产党机关	335	89.6	75.7	754.2

续表

指标名称	项目（课题）数/项	项目（课题）参加人员折合全时当量/人年	#研究人员	项目（课题）经费内部支出/万元
国家机构	423	113.1	95.5	952.3
人民政协、民主党派	28	7.5	6.3	63.0
社会保障	396	105.9	89.4	891.5
群众团体、社会团体和其他成员组织	43	11.5	9.7	96.8
基层群众自治组织	10	2.7	2.3	22.5
国际组织				
国际组织	19	5.1	4.3	42.8
六、按项目（课题）社会经济目标分				
环境保护、生态建设及污染防治	311	83.2	70.3	700.1
能源生产、分配和合理利用	33	8.8	7.5	74.3
卫生事业的发展	128	34.2	28.9	288.2
教育事业的发展	8366	2237.8	1889.6	18833.7
基础设施以及城市和农村规划	421	112.6	95.1	947.8
社会发展和社会服务	4697	1256.4	1060.9	10574.0
地球和大气层的探索与利用	3	0.8	0.7	6.8
民用空间探测及开发	1	0.3	0.2	2.3
农林牧渔业发展	73	19.5	16.5	164.3
工商业发展	1115	298.2	251.8	2510.1
非定向研究	5422	1450.3	1224.6	12206.1
其他民用目标	61	16.3	13.8	137.3
国防	25	6.7	5.7	56.3
七、按隶属关系分				
中央属	3902	1212.3	1023.7	19983.7
地方属	16754	4312.8	3641.7	26517.4
八、按区县分				
渝中区	141	39.7	33.5	184.4
大渡口区				
江北区	26	6.2	5.2	13.1
沙坪坝区	5931	2161.6	1825.3	22143.1
九龙坡区	230	79.5	67.1	230.3
南岸区	4419	976.5	824.6	6373.0
北碚区	2700	441.3	372.6	7077.6
渝北区	2732	615.5	519.7	2487.5

续表

指标名称	项目(课题)数/项	项目（课题）参加人员折合全时当量/人年	#研究人员	项目（课题）经费内部支出/万元
巴南区	1198	366.9	309.8	2388.6
涪陵区	620	219.7	185.5	3064.8
长寿区	81	8.4	7.1	26.7
江津区	408	47.2	39.9	590.7
合川区	353	66.4	56.1	122.9
永川区	1031	227.9	192.4	639.2
南川区				
綦江区				
潼南区				
铜梁区	38	14.8	12.5	204.3
大足区	63	22.6	19.1	23.9
荣昌区				
璧山区	27	6.2	5.2	8.0
万州区	541	197.1	166.4	871.9
梁平区				
城口县				
丰都县				
垫江县				
忠　县				
开州区				
云阳县				
奉节县				
巫山县				
巫溪县				
黔江区	117	27.6	23.3	51.1
武隆区				
石柱土家族自治县				
秀山土家族苗族自治县				
酉阳土家族苗族自治县				
彭水苗族土家族自治县				

6-14　高等学校科技机构情况（2022 年）

指标名称	机构数/个	R&D人员/人	#博士毕业	硕士毕业	R&D经费支出/万元	科研用仪器设备原价/万元	#进口
总计	592	9307	5784	2105	197584.2	634658.4	273754.2
一、按学科分							
自然科学	54	653	488	79	11640.9	65216.1	30621.0
农业科学	35	416	280	80	8464.3	55493.3	30054.2
医药科学	50	1041	405	334	37567.4	114029.0	68141.5
工程与技术科学	273	2907	1801	570	125586.6	393795.5	144603.3
人文与社会科学	180	4290	2810	1042	14325.0	6124.5	334.2
二、按服务的国民经济行业分							
农、林、牧、渔业							
农业	20	190	109	57	2588	14742.7	8386.2
林业							
畜牧业	6	99	79	10	1596.8	18969.6	10309.8
渔业							
农、林、牧、渔服务业	11	91	54	17	1243.7	12211.0	9205.5
采矿业							
煤炭开采和洗选业							
石油和天然气开采业	7	167	115	45	6768.2	14155.6	2727.1
黑色金属矿采选业							
有色金属矿采选业							
非金属矿采选业							
开采辅助活动	2	57	31	8	4507.8	3080.6	1170.5
其他采矿业							
制造业							
农副食品加工业							
食品制造业	2	22	16	4	403.4	2134.2	781.2
酒、饮料和精制茶制造业							
烟草制品业							
纺织业							
纺织服装、服饰业							
皮革、毛皮、羽毛及其制品和制鞋业							
木材加工及木、竹、藤、棕、草制品业							
家具制造业							
造纸和纸制品业							
印刷和记录媒介复制业							
文教、工美、体育和娱乐用品制造业	1	80	14	66	30.2	20.3	

续表

指标名称	机构数/个	R&D人员/人	#博士毕业	硕士毕业	R&D经费支出/万元	科研用仪器设备原价/万元	#进口
石油加工、炼焦和核燃料加工业							
化学原料和化学制品制造业	7	109	88	7	1150.9	11374.7	2649.3
医药制造业	14	205	105	67	3992.7	8710.5	4136.3
化学纤维制造业							
橡胶和塑料制品业							
非金属矿物制品业	1	6	3	1	378.9	1881.2	842.0
黑色金属冶炼和压延加工业							
有色金属冶炼和压延加工业	11	131	72	25	4955.2	38339.6	24485.5
金属制品业	1	10	5	1	794.9	845.1	341.0
通用设备制造业	11	107	57	16	6978.1	20013.6	6786.6
专用设备制造业	13	174	136	21	7434.5	15213.6	4704.0
汽车制造业	3	11	5	4	357.4	3080.5	228.8
铁路、船舶、航空航天和其他运输设备制造业	6	81	60	15	4459.9	7802.6	2698.0
电气机械和器材制造业	7	128	81	22	6530.7	12847.2	5425.6
计算机、通信和其他电子设备制造业	16	102	39	25	3464.9	17473.3	4221.7
仪器仪表制造业	4	36	20	6	1740.3	2616.7	695.3
其他制造业							
废弃资源综合利用业							
金属制品、机械和设备修理业							
电力、热力、燃气及水生产和供应业							
电力、热力生产和供应业							
燃气生产和供应业							
水的生产和供应业							
建筑业							
房屋建筑业	2	29	15	9	688.4	861.4	108.3
土木工程建筑业	1	9		5	132.2	220.8	
建筑安装业							
建筑装饰和其他建筑业							
批发和零售业							
批发业	16	122	75	12	7636.0	23393.8	8298.6
零售业	1	20		16	0.5		
交通运输、仓储和邮政业							
铁路运输业							
道路运输业	2	54	39	12	614.1	1059.2	604
水上运输业	1	33	26	7	126.0	25.3	1.0

续表

指标名称	机构数/个	R&D人员/人	#博士毕业	硕士毕业	R&D经费支出/万元	科研用仪器设备原价/万元	#进口
航空运输业							
管道运输业							
装卸搬运和运输代理业							
仓储业							
邮政业							
住宿和餐饮业							
住宿业							
餐饮业							
信息传输、软件和信息技术服务业							
电信、广播电视和卫星传输服务							
互联网和相关服务							
软件和信息技术服务业	26	301	202	44	7716.1	24532	7275.2
金融业							
货币金融服务	2	23	15	8	98.2	45.6	
资本市场服务	1	44	43	1	489.6	200.0	
保险业							
其他金融业							
房地产业							
房地产业	2	62	54	8	298.3	27.0	
租赁和商务服务业							
租赁业							
商务服务业	13	510	403	96	3466.9	6554.4	800
科学研究和技术服务业							
研究和试验发展	114	1030	607	247	30033.1	126211.1	62257.8
专业技术服务业	65	811	571	133	38668.1	122600.5	38208.8
科技推广和应用服务业	8	173	129	32	1615.2	2515.8	138.1
水利、环境和公共设施管理业							
水利管理业							
生态保护和环境治理业	9	159	125	19	3001.5	13143.5	4057.4
公共设施管理业							
居民服务、修理和其他服务业							
居民服务业							
机动车、电子产品和日用产品修理业							
其他服务业	3	359	35	19	517.3	114.0	

续表

指标名称	机构数 /个	R&D 人员 /人	#博士 毕业	硕士 毕业	R&D 经费支出 /万元	科研用仪器 设备原价 /万元	#进口
教育							
教育	94	1496	967	454	5917.4	3696.3	293.5
卫生和社会工作							
卫生	36	954	407	283	33356.2	100647.8	61833.6
社会工作	21	507	397	80	1745.1	1529	14.7
文化、体育和娱乐业							
新闻和出版业	2	62	41	21	355.9	74.4	
广播、电视、电影和影视录音制作业	1	32	12	20	51.8	120.0	
文化艺术业	15	307	200	96	870.4	777.5	60.5
体育	2	32	27	5	62.4	15.2	
娱乐业							
公共管理、社会保障和社会组织							
中国共产党机关	1	30	27	3	52.8	11.0	
国家机构	5	168	148	18	440.2	500.2	
人民政协、民主党派							
社会保障	5	159	118	37	211.3	251.0	
群众团体、社会团体和其他成员组织							
基层群众自治组织							
国际组织							
国际组织	1	15	12	3	42.7	18.9	8.3
三、按研究机构组成类型分							
与政府部门办	78	2203	1471	411	8930.4	3782.4	316.5
与国内高校合办	18	287	146	86	4543.3	17164.6	7513.7
与国内独立研究机构合办	14	299	240	48	6636.5	8369.9	1565.5
与境外机构合办	5	33	14	10	1540.2	2669.9	473.6
与境内注册外商独资企业合办							
与境内注册其他企业合办	1	61	34	13	780.2	8693.9	2941.2
单位自办	473	6378	3843	1528	174682.9	592485.5	260193.7
其他	3	46	36	9	470.6	1492.3	750
四、按隶属关系分							
中央属	189	2540	1702	432	73332.5	305258.7	158883.7
地方属	403	6767	4082	1673	124251.7	329399.7	114870.5
五、按区县分							
渝中区	24	738	340	198	22338.1	34224.4	21520
大渡口区							
江北区							

续表

指标名称	机构数/个	R&D人员/人	#博士毕业	硕士毕业	R&D经费支出/万元	科研用仪器设备原价/万元	#进口
沙坪坝区	147	2380	1466	498	72113.5	253262.8	112061.3
九龙坡区	7	11	2	2	623.3	9687.5	250.0
南岸区	170	2629	1712	682	50433.7	169130.6	61429.2
北碚区	102	1340	1015	227	15170.3	90358.1	55346.7
渝北区	20	535	463	56	1743.7	1463.9	637.3
巴南区	42	837	390	113	21321.6	30403	9938.1
涪陵区	19	326	222	87	4656.3	7164.3	1616.7
长寿区	1	3		3	0.4		
江津区							
合川区	1	7		4	36.0	78.2	
永川区	41	302	109	137	3032.2	17445.1	4711.7
南川区							
綦江区							
潼南区							
铜梁区							
大足区							
荣昌区							
璧山区							
万州区	18	199	65	98	6115	21440.6	6243.2
梁平区							
城口县							
丰都县							
垫江县							
忠 县							
开州区							
云阳县							
奉节县							
巫山县							
巫溪县							
黔江区							
武隆区							
石柱土家族自治县							
秀山土家族苗族自治县							
酉阳土家族苗族自治县							
彭水苗族土家族自治县							

6-15　理工农医类高等学校科技机构情况（2022 年）

指标名称	机构数/个	R&D人员/人	#博士毕业	硕士毕业	R&D经费支出/万元	科研用仪器设备原价/万元	#进口
总计	412	5017	2974	1063	183259.2	628533.9	273420.0
一、按学科分							
自然科学	54	653	488	79	11640.9	65216.1	30621.0
农业科学	35	416	280	80	8464.3	55493.3	30054.2
医药科学	50	1041	405	334	37567.4	114029.0	68141.5
工程与技术科学	273	2907	1801	570	125586.6	393795.5	144603.3
人文与社会科学							
二、按服务的国民经济行业分							
农、林、牧、渔业							
农业	16	147	78	48	2431.4	14666.3	8371.9
林业							
畜牧业	6	99	79	10	1596.8	18969.6	10309.8
渔业							
农、林、牧、渔服务业	11	91	54	17	1243.7	12211.0	9205.5
采矿业							
煤炭开采和洗选业							
石油和天然气开采业	7	167	115	45	6768.2	14155.6	2727.1
黑色金属矿采选业							
有色金属矿采选业							
非金属矿采选业							
开采辅助活动	2	57	31	8	4507.8	3080.6	1170.5
其他采矿业							
制造业							
农副食品加工业							
食品制造业	2	22	16	4	403.4	2134.2	781.2
酒、饮料和精制茶制造业							
烟草制品业							
纺织业							
纺织服装、服饰业							
皮革、毛皮、羽毛及其制品和制鞋业							
木材加工及木、竹、藤、棕、草制品业							
家具制造业							
造纸和纸制品业							
印刷和记录媒介复制业							
文教、工美、体育和娱乐用品制造业							
石油加工、炼焦和核燃料加工业							

续表

指标名称	机构数/个	R&D人员/人	#博士毕业	硕士毕业	R&D经费支出/万元	科研用仪器设备原价/万元	#进口
化学原料和化学制品制造业	7	109	88	7	1150.9	11374.7	2649.3
医药制造业	14	205	105	67	3992.7	8710.5	4136.3
化学纤维制造业							
橡胶和塑料制品业							
非金属矿物制品业	1	6	3	1	378.9	1881.2	842.0
黑色金属冶炼和压延加工业							
有色金属冶炼和压延加工业	11	131	72	25	4955.2	38339.6	24485.5
金属制品业	1	10	5	1	794.9	845.1	341.0
通用设备制造业	11	107	57	16	6978.1	20013.6	6786.6
专用设备制造业	13	174	136	21	7434.5	15213.6	4704.0
汽车制造业	3	11	5	4	357.4	3080.5	228.8
铁路、船舶、航空航天和其他运输设备制造业	6	81	60	15	4459.9	7802.6	2698.0
电气机械和器材制造业	7	128	81	22	6530.7	12847.2	5425.6
计算机、通信和其他电子设备制造业	16	102	39	25	3464.9	17473.3	4221.7
仪器仪表制造业	4	36	20	6	1740.3	2616.7	695.3
其他制造业							
废弃资源综合利用业							
金属制品、机械和设备修理业							
电力、热力、燃气及水生产和供应业							
电力、热力生产和供应业							
燃气生产和供应业							
水的生产和供应业							
建筑业							
房屋建筑业	2	29	15	9	688.4	861.4	108.3
土木工程建筑业	1	9		5	132.2	220.8	
建筑安装业							
建筑装饰和其他建筑业							
批发和零售业							
批发业	16	122	75	12	7636.0	23393.8	8298.6
零售业							
交通运输、仓储和邮政业							
铁路运输业							
道路运输业	1	5	2		448.9	1020.6	604.0
水上运输业							
航空运输业							
管道运输业							

续表

指标名称	机构数/个	R&D人员/人	#博士毕业	硕士毕业	R&D经费支出/万元	科研用仪器设备原价/万元	#进口
装卸搬运和运输代理业							
仓储业							
邮政业							
住宿和餐饮业							
住宿业							
餐饮业							
信息传输、软件和信息技术服务业							
电信、广播电视和卫星传输服务							
互联网和相关服务							
软件和信息技术服务业	25	284	188	41	7698.5	24526.4	7275.2
金融业							
货币金融服务							
资本市场服务							
保险业							
其他金融业							
房地产业							
房地产业							
租赁和商务服务业							
租赁业							
商务服务业	4	92	68	20	1289.5	5870.0	800.0
科学研究和技术服务业							
研究和试验发展	112	1001	598	232	29963.1	126196.3	62257.8
专业技术服务业	62	723	516	100	38609.1	122589.3	38208.3
科技推广和应用服务业	3	14		6	328.0	1679.9	138.1
水利、环境和公共设施管理业							
水利管理业							
生态保护和环境治理业	7	124	95	14	2943.7	13129.2	4052.0
公共设施管理业							
土地管理业							
居民服务、修理和其他服务业							
居民服务业							
机动车、电子产品和日用产品修理业							
其他服务业							
教育							
教育	5	48	20	19	1021.1	1799.1	64.0

续表

指标名称	机构数/个	R&D人员/人	#博士毕业	硕士毕业	R&D经费支出/万元	科研用仪器设备原价/万元	#进口
卫生和社会工作							
卫生	33	872	349	259	33300.4	100622.2	61833.6
社会工作	1	5	3	1	5.7	869.0	
文化、体育和娱乐业							
新闻和出版业							
广播、电视、电影和影视录音制作业							
文化艺术业							
体育							
娱乐业							
公共管理、社会保障和社会组织							
中国共产党机关							
国家机构	2	6	1	3	4.9	340.0	
人民政协、民主党派							
社会保障							
群众团体、社会团体和其他成员组织							
基层群众自治组织							
国际组织							
国际组织							
三、按研究机构组成类型分							
政府部门办							
与国内高校合办	15	163	76	44	4296.9	17023.1	7511.4
与国内独立研究机构合办	6	74	53	14	5192.5	7900.4	1565.5
与境外机构合办	3	21	10	2	1464.0	2651.8	473.6
与境内注册外商独资企业合办							
与境内注册其他企业合办	1	61	34	13	780.2	8693.9	2941.2
单位自办	386	4680	2786	988	171295.6	590814.7	260178.3
其他	1	18	15	2	230.0	1450.0	750.0
四、按隶属关系分							
中央属	139	1498	845	248	69201.1	303561.2	158566.2
地方属	273	3519	2129	815	114058.1	324972.7	114853.8
五、按区县分							
渝中区	23	685	307	178	22302.9	34210.7	21520.0
大渡口区							
江北区							
沙坪坝区	115	1593	896	327	68920.9	251935.0	111998.4

续表

指标名称	机构数/个	R&D人员/人	#博士毕业	硕士毕业	R&D经费支出/万元	科研用仪器设备原价/万元	#进口
九龙坡区	7	11	2	2	623.3	9687.5	250.0
南岸区	127	1186	761	240	46583.1	166612.4	61417.7
北碚区	64	682	480	104	12902.0	89525.7	55089.2
渝北区	3	19	10	1	137.7	792.0	635.0
巴南区	36	409	300	75	20264.6	30094.4	9938.1
涪陵区	6	159	123	21	2826.3	6816.1	1616.7
长寿区							
江津区							
合川区	1	7		4	36.0	78.2	
永川区	14	113	53	30	2870.7	17442.6	4711.7
南川区							
綦江区							
潼南区							
铜梁区							
大足区							
荣昌区							
璧山区							
万州区	16	153	42	81	5791.7	21339.3	6243.2
梁平区							
城口县							
丰都县							
垫江县							
忠　县							
开州区							
云阳县							
奉节县							
巫山县							
巫溪县							
黔江区							
武隆区							
石柱土家族自治县							
秀山土家族苗族自治县							
酉阳土家族苗族自治县							
彭水苗族土家族自治县							

6-16　社会人文类高等学校科技机构情况（2022 年）

指标名称	机构数/个	R&D人员/人	#博士毕业	硕士毕业	R&D经费支出/万元	科研用仪器设备原价/万元	#进口
总计	180	4290	2810	1042	14325.0	6124.5	334.2
一、按学科分							
自然科学							
农业科学							
医药科学							
工程与技术科学							
人文与社会科学	180	4290	2810	1042	14325.0	6124.5	334.2
二、按服务的国民经济行业分							
农、林、牧、渔业							
农业	4	43	31	9	156.6	76.4	14.3
林业							
畜牧业							
渔业							
农、林、牧、渔服务业							
采矿业							
煤炭开采和洗选业							
石油和天然气开采业							
黑色金属矿采选业							
有色金属矿采选业							
非金属矿采选业							
开采辅助活动							
其他采矿业							
制造业							
农副食品加工业							
食品制造业							
酒、饮料和精制茶制造业							
烟草制品业							
纺织业							
纺织服装、服饰业							
皮革、毛皮、羽毛及其制品和制鞋业							
木材加工及木、竹、藤、棕、草制品业							
家具制造业							
造纸和纸制品业							
印刷和记录媒介复制业							
文教、工美、体育和娱乐用品制造业	1	80	14	66	30.2	20.3	

续表

指标名称	机构数/个	R&D人员/人	#博士毕业	硕士毕业	R&D经费支出/万元	科研用仪器设备原价/万元	#进口
石油加工、炼焦和核燃料加工业							
化学原料和化学制品制造业							
医药制造业							
化学纤维制造业							
橡胶和塑料制品业							
非金属矿物制品业							
黑色金属冶炼和压延加工业							
有色金属冶炼和压延加工业							
金属制品业							
通用设备制造业							
专用设备制造业							
汽车制造业							
铁路、船舶、航空航天和其他运输设备制造业							
电气机械和器材制造业							
计算机、通信和其他电子设备制造业							
仪器仪表制造业							
其他制造业							
废弃资源综合利用业							
金属制品、机械和设备修理业							
电力、热力、燃气及水生产和供应业							
电力、热力生产和供应业							
燃气生产和供应业							
水的生产和供应业							
建筑业							
房屋建筑业							
土木工程建筑业							
建筑安装业							
建筑装饰和其他建筑业							
批发和零售业							
批发业							
零售业	1	20		16	0.5		
交通运输、仓储和邮政业							
铁路运输业							
道路运输业	1	49	37	12	165.2	38.6	
水上运输业	1	33	26	7	126.0	25.3	1.0

续表

指标名称	机构数/个	R&D人员/人	#博士毕业	硕士毕业	R&D经费支出/万元	科研用仪器设备原价/万元	#进口
航空运输业							
管道运输业							
装卸搬运和运输代理业							
仓储业							
邮政业							
住宿和餐饮业							
住宿业							
餐饮业							
信息传输、软件和信息技术服务业							
电信、广播电视和卫星传输服务							
互联网和相关服务							
软件和信息技术服务业	1	17	14	3	17.6	5.6	
金融业							
货币金融服务	2	23	15	8	98.2	45.6	
资本市场服务	1	44	43	1	489.6	200.0	
保险业							
其他金融业							
房地产业							
房地产业	2	62	54	8	298.3	27.0	
租赁和商务服务业							
租赁业							
商务服务业	9	418	335	76	2177.4	684.4	
科学研究和技术服务业							
研究和试验发展	2	29	9	15	70.0	14.8	
专业技术服务业	3	88	55	33	59.0	11.2	0.5
科技推广和应用服务业	5	159	129	26	1287.2	835.9	
水利、环境和公共设施管理业							
水利管理业							
生态保护和环境治理业	2	35	30	5	57.8	14.3	5.4
公共设施管理业							
土地管理业							
居民服务、修理和其他服务业							
居民服务业							
机动车、电子产品和日用产品修理业							
其他服务业	3	359	35	19	517.3	114.0	

续表

指标名称	机构数/个	R&D人员/人	#博士毕业	硕士毕业	R&D经费支出/万元	科研用仪器设备原价/万元	#进口
教育							
教育	89	1448	947	435	4896.3	1897.2	229.5
卫生和社会工作							
卫生	3	82	58	24	55.8	25.6	
社会工作	20	502	394	79	1739.4	660.0	14.7
文化、体育和娱乐业							
新闻和出版业	2	62	41	21	355.9	74.4	
广播、电视、电影和影视录音制作业	1	32	12	20	51.8	120.0	
文化艺术业	15	307	200	96	870.4	777.5	60.5
体育	2	32	27	5	62.4	15.2	
娱乐业							
公共管理、社会保障和社会组织							
中国共产党机关	1	30	27	3	52.8	11.0	
国家机构	3	162	147	15	435.3	160.2	
人民政协、民主党派							
社会保障	5	159	118	37	211.3	251.0	
群众团体、社会团体和其他成员组织							
基层群众自治组织							
国际组织							
国际组织	1	15	12	3	42.7	18.9	8.3
三、按研究机构组成类型分							
政府部门办	78	2203	1471	411	8930.4	3782.4	316.5
与国内高校合办	3	124	70	42	246.4	141.5	2.3
与国内独立研究机构合办	8	225	187	34	1444.0	469.5	
与境外机构合办	2	12	4	8	76.2	18.1	
与境内注册外商独资企业合办							
与境内注册其他企业合办							
单位自办	87	1698	1057	540	3387.3	1670.8	15.4
其他	2	28	21	7	240.6	42.3	
四、按隶属关系分							
中央属	50	1042	857	184	4131.4	1697.5	317.5
地方属	130	3248	1953	858	10193.6	4427.0	16.7
五、按区县分							
渝中区	1	53	33	20	35.2	13.7	
大渡口区							
江北区							

续表

指标名称	机构数/个	R&D人员/人	#博士毕业	硕士毕业	R&D经费支出/万元	科研用仪器设备原价/万元	#进口
沙坪坝区	32	787	570	171	3192.6	1327.8	62.9
九龙坡区							
南岸区	43	1443	951	442	3850.6	2518.2	11.5
北碚区	38	658	535	123	2268.3	832.4	257.5
渝北区	17	516	453	55	1606.0	671.9	2.3
巴南区	6	428	90	38	1057.0	308.6	
涪陵区	13	167	99	66	1830.0	348.2	
长寿区	1	3		3	0.4		
江津区							
合川区							
永川区	27	189	56	107	161.5	2.5	
南川区							
綦江区							
潼南区							
铜梁区							
大足区							
荣昌区							
璧山区							
万州区	2	46	23	17	323.3	101.3	
梁平区							
城口县							
丰都县							
垫江县							
忠　县							
开州区							
云阳县							
奉节县							
巫山县							
巫溪县							
黔江区							
武隆区							
石柱土家族自治县							
秀山土家族苗族自治县							
酉阳土家族苗族自治县							
彭水苗族土家族自治县							

七、企业创新活动

说明：企业创新活动数据来自统计局企业创新调查。调查范围为重庆市规模以上工业企业、建筑业和服务业企业，主要内容包括规模（限额）以上企业创新活动总体情况，产品和工艺创新、组织和营销创新、创新战略目标制定等情况，以及规模以上工业企业创新费用支出情况。

7-1 规模（限额）以上企业创新活动总体情况（2022 年）

项目	开展创新活动企业数/个	#实现创新企业	#同时实现四种创新企业	在全部企业中占比/%		
				开展创新活动企业	实现创新企业	同时实现四种创新企业
总计	8215	7892	1478	42.04	40.38	7.56
一、按规模分						
大型企业	375	362	99	73.96	71.40	19.53
中型企业	1714	1656	342	50.97	49.24	10.17
小型企业	5532	5302	995	45.36	43.47	8.16
微型企业	594	572	42	17.09	16.46	1.21
二、按登记注册类型分						
内资企业	7894	7583	1419	41.68	40.04	7.49
国有企业	148	145	25	53.62	52.54	9.06
集体企业	9	9		21.95	21.95	
股份合作企业	8	8	1	33.33	33.33	4.17
联营企业	3	3		37.50	37.50	
有限责任公司	1203	1154	216	46.68	44.78	8.38
股份有限公司	146	143	46	52.90	51.81	16.67
私营企业	6377	6121	1131	40.53	38.90	7.19
其他企业						
港、澳、台商投资企业	109	106	19	51.66	50.24	9.01
合资经营企业（港或澳、台资）	39	38	6	70.91	69.09	10.91
合作经营企业（港或澳、台资）						
港、澳、台商独资经营企业	66	64	12	44.90	43.54	8.16
港、澳、台商投资股份有限公司	3	3		42.86	42.86	
其他港、澳、台商投资企业	1	1	1	100.00	100.00	100.00
外商投资企业	212	203	40	53.81	51.52	10.15
中外合资经营企业	106	103	25	67.95	66.03	16.03
中外合作经营企业	3	3		50.00	50.00	
外资企业	91	86	13	43.13	40.76	6.16
外商投资股份有限公司	8	8	1	80.00	80.00	10.00

续表

项目	开展创新活动企业数/个	#实现创新企业	#同时实现四种创新企业	在全部企业中占比/%		
				开展创新活动企业	实现创新企业	同时实现四种创新企业
其他外商投资企业	4	3	1	36.36	27.27	9.09
三、按行业分						
采矿业	57	56	2	34.34	33.74	1.21
制造业	4854	4665	1146	68.15	65.49	16.09
电力、热力、燃气及水生产和供应业	110	97	7	34.70	30.60	2.21
建筑业	357	337	30	23.26	21.95	1.95
批发和零售业	1752	1738	127	23.56	23.37	1.71
交通运输、仓储和邮政业	139	133	6	18.22	17.43	0.79
信息传输、软件和信息技术服务业	363	326	93	64.13	57.60	16.43
租赁和商务服务业	221	213	10	23.12	22.28	1.05
科学研究和技术服务业	288	259	48	57.83	52.01	9.64
水利、环境和公共设施管理业	74	68	9	40.44	37.16	4.92
四、按区县分						
渝中区	235	210	33	31.00	27.70	4.35
大渡口区	128	122	19	33.68	32.11	5.00
江北区	248	240	26	38.81	37.56	4.07
沙坪坝区	241	231	37	33.99	32.58	5.22
九龙坡区	602	559	111	45.50	42.25	8.39
南岸区	311	299	53	41.75	40.13	7.11
北碚区	302	283	55	51.89	48.63	9.45
渝北区	736	698	151	46.82	44.40	9.61
巴南区	313	310	64	46.30	45.86	9.47
涪陵区	339	339	70	44.66	44.66	9.22
长寿区	250	232	49	43.55	40.42	8.54
江津区	472	455	101	45.25	43.62	9.68
合川区	193	191	35	47.65	47.16	8.64
永川区	323	294	47	47.85	43.56	6.96

续表

项目	开展创新活动企业数/个	#实现创新企业	#同时实现四种创新企业	在全部企业中占比/%		
				开展创新活动企业	实现创新企业	同时实现四种创新企业
南川区	153	152	30	45.67	45.37	8.96
綦江区	273	268	59	42.66	41.88	9.22
潼南区	181	178	23	49.19	48.37	6.25
铜梁区	280	270	51	47.86	46.15	8.72
大足区	263	254	64	41.35	39.94	10.06
荣昌区	340	340	54	50.30	50.30	7.99
璧山区	380	373	79	50.20	49.27	10.44
万州区	232	226	28	39.93	38.90	4.82
梁平区	111	110	30	34.69	34.38	9.38
城口县	20	20	2	41.67	41.67	4.17
丰都县	103	101	7	42.92	42.08	2.92
垫江县	160	133	30	50.63	42.09	9.49
忠　县	98	98	16	36.70	36.70	5.99
开州区	136	132	18	37.57	36.46	4.97
云阳县	144	141	34	28.29	27.70	6.68
奉节县	151	148	23	30.44	29.84	4.64
巫山县	45	45	1	27.27	27.27	0.61
巫溪县	39	38	5	33.62	32.76	4.31
黔江区	64	63	7	31.53	31.03	3.45
武隆区	41	37	1	29.93	27.01	0.73
石柱土家族自治县	60	58	16	41.96	40.56	11.19
秀山土家族苗族自治县	145	144	32	33.41	33.18	7.37
酉阳土家族苗族自治县	61	58	12	39.87	37.91	7.84
彭水苗族土家族自治县	42	42	5	19.44	19.44	2.32

注：按规模分小型企业和微型企业仅包括规模（限额）以上小型企业和微型企业。全部企业是指项目下各类企业的调查总数。7-1至7-7各表同。

7-2 规模（限额）以上企业产品和工艺创新分布情况（2022年）

项　目	开展产品或工艺创新活动企业数/个	#实现产品或工艺创新企业	#实现产品创新企业	#实现工艺创新企业	在全部企业中占比/%			
					开展产品或工艺创新活动企业	#实现产品或工艺创新企业	#实现产品创新企业	#实现工艺创新企业
总计	6231	5678	4181	4635	31.88	29.05	21.39	23.72
一、按规模分								
大型企业	331	305	222	277	65.29	60.16	43.79	54.64
中型企业	1246	1152	867	950	37.05	34.26	25.78	28.25
小型企业	4381	3990	2942	3231	35.92	32.71	24.12	26.49
微型企业	273	231	150	177	7.85	6.65	4.32	5.09
二、按登记注册类型分								
内资企业	5956	5423	3984	4430	31.45	28.64	21.04	23.39
国有企业	110	100	69	85	39.86	36.23	25.00	30.80
集体企业	5	5	3	4	12.20	12.20	7.32	9.76
股份合作企业	7	7	6	4	29.17	29.17	25.00	16.67
联营企业	3	3	2	2	37.50	37.50	25.00	25.00
有限责任公司	952	864	600	738	36.94	33.53	23.28	28.64
股份有限公司	119	111	90	98	43.12	40.22	32.61	35.51
私营企业	4760	4333	3214	3499	30.25	27.54	20.43	22.24
其他企业								
港、澳、台商投资企业	91	84	65	70	43.13	39.81	30.81	33.18
合资经营企业（港或澳、台资）	34	32	25	25	61.82	58.18	45.46	45.46
合作经营企业（港或澳、台资）								
港、澳、台商独资经营企业	53	49	38	42	36.05	33.33	25.85	28.57
港、澳、台商投资股份有限公司	3	2	1	2	42.86	28.57	14.29	28.57
其他港、澳、台商投资企业	1	1	1	1	100.00	100.00	100.00	100.00
外商投资企业	184	171	132	135	46.70	43.40	33.50	34.26
中外合资经营企业	97	92	74	73	62.18	58.97	47.44	46.80
中外合作经营企业	3	2	2	2	50.00	33.33	33.33	

续表

项 目	开展产品或工艺创新活动企业数/个	#实现产品或工艺创新企业	#实现产品创新企业	#实现工艺创新企业	开展产品或工艺创新活动企业	在全部企业中占比/%		
						#实现产品或工艺创新企业	#实现产品创新企业	#实现工艺创新企业
外资企业	74	68	51	54	35.07	32.23	24.17	25.59
外商投资股份有限公司	6	6	3	6	60.00	60.00	30.00	60.00
其他外商投资企业	4	3	2	2	36.36	27.27	18.18	18.18
三、按行业分								
采矿业	46	44	25	39	27.71	26.51	15.06	23.49
制造业	4575	4285	3392	3473	64.23	60.16	47.62	48.76
电力、热力、燃气及水生产和供应业	88	71	24	67	27.76	22.40	7.57	21.14
建筑业	200	164	82	149	13.03	10.68	5.34	9.71
批发和零售业	530	467	240	394	7.13	6.28	3.23	5.30
交通运输、仓储和邮政业	71	59	15	54	9.31	7.73	1.97	7.08
信息传输、软件和信息技术服务业	326	265	207	201	57.60	46.82	36.57	35.51
租赁和商务服务业	83	71	37	59	8.68	7.43	3.87	6.17
科学研究和技术服务业	258	209	136	166	51.81	41.97	27.31	33.33
水利、环境和公共设施管理业	54	43	23	33	29.51	23.50	12.57	18.03
四、按区县分								
渝中区	131	90	63	76	17.28	11.87	8.31	10.03
大渡口区	89	83	59	64	23.42	21.84	15.53	16.84
江北区	173	159	106	127	27.07	24.88	16.59	19.88
沙坪坝区	158	137	90	112	22.29	19.32	12.69	15.80
九龙坡区	483	413	328	334	36.51	31.22	24.79	25.25
南岸区	215	192	141	148	28.86	25.77	18.93	19.87
北碚区	264	233	176	190	45.36	40.03	30.24	32.65
渝北区	593	518	401	408	37.72	32.95	25.51	25.95
巴南区	245	241	159	214	36.24	35.65	23.52	31.66
涪陵区	286	281	184	241	37.68	37.02	24.24	31.75
长寿区	208	183	134	146	36.24	31.88	23.35	25.44

续表

项目	开展产品或工艺创新活动企业数/个	#实现产品或工艺创新企业	#实现产品创新企业	#实现工艺创新企业	在全部企业中占比/%			
					开展产品或工艺创新活动企业	#实现产品或工艺创新企业	#实现产品创新企业	#实现工艺创新企业
江津区	376	350	244	298	36.05	33.56	23.39	28.57
合川区	167	164	104	137	41.24	40.49	25.68	33.83
永川区	246	198	136	151	36.44	29.33	20.15	22.37
南川区	130	125	112	93	38.81	37.31	33.43	27.76
綦江区	229	216	189	168	35.78	33.75	29.53	26.25
潼南区	136	132	95	119	36.96	35.87	25.82	32.34
铜梁区	247	232	196	185	42.22	39.66	33.50	31.62
大足区	222	212	143	186	34.91	33.33	22.48	29.25
荣昌区	260	257	211	192	38.46	38.02	31.21	28.40
璧山区	336	327	287	250	44.39	43.20	37.91	33.03
万州区	149	137	89	114	25.65	23.58	15.32	19.62
梁平区	89	87	65	76	27.81	27.19	20.31	23.75
城口县	7	5	2	5	14.58	10.42	4.17	10.42
丰都县	53	50	24	41	22.08	20.83	10.00	17.08
垫江县	130	97	71	80	41.14	30.70	22.47	25.32
忠县	57	54	29	49	21.35	20.23	10.86	18.35
开州区	96	89	73	78	26.52	24.59	20.17	21.55
云阳县	82	74	59	66	16.11	14.54	11.59	12.97
奉节县	93	83	45	72	18.75	16.73	9.07	14.52
巫山县	20	19	9	16	12.12	11.52	5.46	9.70
巫溪县	24	20	17	13	20.69	17.24	14.66	11.21
黔江区	40	38	25	26	19.70	18.72	12.32	12.81
武隆区	28	23	15	17	20.44	16.79	10.95	12.41
石柱土家族自治县	45	41	29	37	31.47	28.67	20.28	25.87
秀山土家族苗族自治县	61	60	42	55	14.06	13.83	9.68	12.67
酉阳土家族苗族自治县	38	35	17	32	24.84	22.88	11.11	20.92
彭水苗族土家族自治县	25	23	12	19	11.57	10.65	5.56	8.80

7-3 规模（限额）以上企业产品或工艺创新活动类型（2022年）

项目	开展产品或工艺创新活动企业数/个	在开展产品或工艺创新活动企业中，有下列活动形式的企业占比/%								
		内部研发	外部研发	获得机器设备和软件	从外部获取相关技术	相关培训	市场推介	相关设计	其他创新活动
总计	6231	61.1	7.3	55.0	3.9	39.3	16.4	17.1	22.7
一、按规模分									
大型企业	331	69.8	25.1	58.6	13.0	58.6	26.3	20.5	37.2
中型企业	1246	67.7	11.5	50.7	7.1	43.0	19.3	18.0	23.2
小型企业	4381	59.7	4.9	57.0	2.3	37.5	15.1	16.9	21.9
微型企业	273	43.6	5.1	39.6	4.0	28.9	12.1	13.6	15.0
二、按登记注册类型分									
内资企业	5956	60.9	7.2	54.5	3.8	38.9	16.5	17.1	22.2
国有企业	110	52.7	23.6	46.4	10.9	53.6	23.6	10.0	39.1
集体企业	5	60.0		60.0		20.0			
股份合作企业	7	71.4	14.3	28.6		57.1		28.6	28.6
联营企业	3	33.3		66.7		66.7	33.3		
有限责任公司	952	60.8	13.8	55.7	7.9	47.6	19.1	14.7	29.5
股份有限公司	119	66.4	26.9	65.5	10.1	48.7	31.1	28.6	32.8
私营企业	4760	61.0	5.0	54.2	2.7	36.5	15.4	17.5	20.1
其他企业									
港、澳、台商投资企业	91	64.8	7.7	64.8	2.2	53.8	14.3	20.9	30.8
合资经营企业（港或澳、台资）	34	67.6	11.8	73.5	5.9	52.9	11.8	14.7	35.3
合作经营企业（港或澳、台资）									
港、澳、台商独资经营企业	53	60.4	5.7	58.5		52.8	15.1	24.5	28.3
港、澳、台商投资股份有限公司	3	100.0		66.7		66.7	33.3	33.3	33.3
其他港、澳、台商投资企业	1	100.0		100.0		100.0			
外商投资企业	184	65.2	12.0	66.8	6.0	47.3	15.8	16.3	34.8
中外合资经营企业	97	74.2	14.4	72.2	5.2	53.6	18.6	13.4	40.2
中外合作经营企业	3	66.7		100.0		66.7			33.3
外资企业	74	50.0	8.1	58.1	6.8	36.5	10.8	17.6	27.0

续表

项目	开展产品或工艺创新活动企业数/个	在开展产品或工艺创新活动企业中，有下列活动形式的企业占比/%							
		内部研发	外部研发	获得机器设备和软件	从外部获取相关技术	相关培训	市场推介	相关设计	其他创新活动
外商投资股份有限公司	6	100.0	16.7	66.7		50.0	33.3	33.3	50.0
其他外商投资企业	4	75.0	25.0	75.0	25.0	75.0	25.0	50.0	25.0
三、按行业分									
采矿业	46	45.7	2.2	58.7	4.3	26.1	2.2		10.9
制造业	4575	68.8	6.0	64.6	1.2	38.6	15.8	20.0	23.6
电力、热力、燃气及水生产和供应业	88	43.2	5.7	52.3	1.1	31.8	3.4	2.3	23.9
建筑业	200	40.0	10.5	31.0	15.0	48.5	19.0	5.0	23.5
批发和零售业	530	39.2	13.8	23.8	8.1	41.9	24.3	14.7	17.5
交通运输、仓储和邮政业	71	9.9	1.4	35.2	5.6	43.7	11.3	4.2	14.1
信息传输、软件和信息技术服务业	326	39.0	13.2	22.4	15.0	39.6	18.4	9.5	21.2
租赁和商务服务业	83	18.1	1.2	26.5	7.2	38.6	16.9	7.2	15.7
科学研究和技术服务业	258	55.0	12.0	30.6	15.9	46.1	15.9	8.9	25.6
水利、环境和公共设施管理业	54	40.7	9.3	24.1	18.5	24.1	5.6		14.8
四、按区县分									
渝中区	131	32.1	12.2	22.9	14.5	39.7	25.2	14.5	19.1
大渡口区	89	67.4	10.1	50.6	2.2	50.6	23.6	22.5	28.1
江北区	173	45.7	8.7	57.2	3.5	48.0	17.9	12.7	26.0
沙坪坝区	158	46.2	11.4	60.1	11.4	43.7	22.2	20.9	28.5
九龙坡区	483	70.8	9.1	54.0	3.5	43.5	18.0	19.5	24.6
南岸区	215	60.5	19.1	56.3	6.0	47.0	19.5	16.7	32.6
北碚区	264	50.0	9.1	69.7	4.5	45.8	19.7	21.2	29.5
渝北区	593	53.5	14.8	55.5	9.3	51.4	21.9	19.7	33.9
巴南区	245	56.7	4.5	60.4	2.9	48.2	18.8	20.4	29.4
涪陵区	286	65.7	7.7	55.2	3.1	31.1	14.0	16.8	15.0
长寿区	208	60.1	8.2	67.8	3.8	37.5	17.3	14.4	19.7
江津区	376	59.3	5.3	61.2	3.7	44.4	16.5	22.3	26.9

续表

项目	开展产品或工艺创新活动企业数/个	在开展产品或工艺创新活动企业中，有下列活动形式的企业占比/%							
		内部研发	外部研发	获得机器设备和软件	从外部获取相关技术	相关培训	市场推介	相关设计	其他创新活动
合川区	167	44.9	3.6	78.4	2.4	41.3	16.8	18.6	28.7
永川区	246	63.0	3.3	49.2	1.6	33.7	10.6	14.2	14.2
南川区	130	73.8	3.1	57.7	3.1	38.5	10.0	13.1	20.8
綦江区	229	70.7	1.7	44.1	0.9	32.3	15.7	13.5	21.4
潼南区	136	87.5	0.7	42.6		30.1	8.8	9.6	12.5
铜梁区	247	83.8	4.0	38.9	0.8	30.0	14.6	14.2	21.9
大足区	222	81.5	3.2	29.3	1.4	32.4	10.4	16.2	21.6
荣昌区	260	61.2	3.5	63.8	1.5	26.2	12.7	13.1	11.9
璧山区	336	74.1	7.4	54.2	3.0	31.8	10.1	18.2	27.1
万州区	149	46.3	4.7	65.1	4.0	45.6	17.5	11.4	22.1
梁平区	89	66.3	1.1	64.0	2.2	24.7	10.1	12.4	11.2
城口县	7	71.4	14.3	28.6		14.3	14.3	14.3	28.6
丰都县	53	41.5		67.9	1.9	22.6	9.4	11.3	9.4
垫江县	130	44.6	6.9	73.1	3.8	31.5	16.9	13.8	13.8
忠　县	57	66.7	5.3	49.1	1.8	43.9	17.5	21.1	15.8
开州区	96	60.4		58.3		26.0	14.6	12.5	17.7
云阳县	82	50.0	7.3	57.3	1.2	41.5	15.9	23.2	11.0
奉节县	93	69.9	12.9	46.2	4.3	33.3	21.5	15.1	11.8
巫山县	20	60.0	10.0	55.0		30.0	15.0		5.0
巫溪县	24	83.3		25.0		33.3	8.3	8.3	8.3
黔江区	40	50.0	10.0	47.5	5.0	45.0	25.0	15.0	12.5
武隆区	28	53.6	7.1	35.7	3.6	25.0	3.6	17.9	17.9
石柱土家族自治县	45	37.8	8.9	57.8	4.4	42.2	15.6	17.8	13.3
秀山土家族苗族自治县	61	65.6	3.3	52.5		63.9	21.3	45.9	9.8
酉阳土家族苗族自治县	38	26.3	7.9	42.1	7.9	34.2	15.8	23.7	21.1
彭水苗族土家族自治县	25	28.0		48.0	4.0	20.0	16.0	12.0	4.0

7-4 规模以上工业企业创新费用支出情况（2022年）

项目	创新费用支出合计/亿元	内部研发经费支出	所占比重/%	外部研发经费支出	所占比重/%	获得机器设备和软件经费支出	所占比重/%	从外部获取相关技术经费支出	所占比重/%
总计	801.3	540.9	67.50	38.9	4.86	199.2	24.86	22.3	2.78
一、按规模分									
大型企业	401.3	259.8	64.74	25.1	6.26	98.7	24.60	17.7	4.41
中型企业	207.6	144.7	69.70	6.8	3.28	51.9	25.00	4.2	2.02
小型企业	180.2	130.1	72.20	3.0	1.67	46.7	25.92	0.4	0.22
微型企业	12.3	6.4	52.03	4.0	32.52	1.9	15.45		
二、按登记注册类型分									
内资企业	695.8	475.5	68.34	33.4	4.80	181.3	26.06	5.6	0.81
国有企业	26.4	17.6	66.67	1.5	5.68	7.2	27.27	0.1	0.38
集体企业	0.2	0.1	50.00			0.1	50.00		
股份合作企业	0.2	0.2	100.00						
联营企业	0.6	0.3	50.00			0.3	50.00		
有限责任公司	234.0	161.2	68.89	12.1	5.17	59.9	25.60	0.8	0.34
股份有限公司	107.9	60.7	56.26	7.4	6.86	37.4	34.66	2.4	2.22
私营企业	326.6	235.5	72.11	12.3	3.77	76.4	23.39	2.4	0.74
其他企业									
港、澳、台商投资企业	27.7	21.9	79.06	0.3	1.08	5.4	19.50	0.1	0.36
合资经营企业（港或澳、台资）	7.4	4.9	66.22			2.4	32.43	0.1	1.35
合作经营企业（港或澳、台资）	17.1	14.1	82.46	0.3	1.75	2.7	15.79		
港、澳、台商独资经营企业	2.7	2.6	96.30			0.1	3.70		
港、澳、台商投资股份有限公司	0.5	0.3	60.00			0.2	40.00		
其他港、澳、台投资企业									
外商投资企业	77.8	43.5	55.91	5.2	6.68	12.5	16.07	16.6	21.34
中外合资经营企业	57.4	31.1	54.18	1.2	2.09	9.0	15.68	16.1	28.05
中外合作经营企业	0.2	0.1	50.00			0.1	50.00		
外资企业	12.8	9.8	76.56	0.1	0.78	2.4	18.75	0.5	3.91

续表

项目	创新费用支出合计/亿元	内部研发经费支出	所占比重/%	外部研发经费支出	所占比重/%	获得机器设备和软件经费支出	所占比重/%	从外部获取相关技术经费支出	所占比重/%
外商投资股份有限公司	1.5	1.3	86.67			0.2	13.33		
其他外商投资企业	6.2	1.3	20.97	3.9	62.90	1.0	16.13		
三、按行业分									
采矿业	6.2	5.2	83.87	0.1	1.61	0.9	14.52		
制造业	670.7	469.2	69.96	26.5	3.95	153.0	22.81	22.0	3.29
电力、热力、燃气及水生产和供应业	7.0	4.9	70.00	0.5	7.14	1.6	22.86		
建筑业	24.5	7.4	30.20	0.1	0.41	17.0	69.39		
批发和零售业									
交通运输、仓储和邮政业	1.3	0.5	38.46			0.8	61.54		
信息传输、软件和信息技术服务业	40.5	18.8	46.42	3.7	9.14	17.8	43.95	0.2	0.49
租赁和商务服务业	0.9	0.5	55.56			0.4	44.44		
科学研究和技术服务业	47.6	32.5	68.28	7.9	16.60	7.2	15.13		
水利、环境和公共设施管理业	2.6	2.0	76.92	0.1	3.85	0.5	19.23		
四、按区县分									
渝中区	9.8	3.2	32.65	0.8	8.16	5.8	59.18		
大渡口区	19.4	11.6	59.79	2.3	11.86	5.5	28.35		
江北区	94.4	72.2	76.48	10.4	11.02	11.8	12.50		
沙坪坝区	30.2	20.1	66.56	1.3	4.31	7.8	25.83	1.0	3.31
九龙坡区	51.1	38.3	74.95	2.6	5.09	10.2	19.96		
南岸区	20.7	12.3	59.42	1.1	5.31	7.3	35.27		
北碚区	34.6	25.5	73.70	0.9	2.60	8.0	23.12	0.2	0.58
渝北区	166.4	99.3	59.68	14.2	8.53	36.5	21.94	16.4	9.86
巴南区	32.6	28.7	88.04	0.1	0.31	3.8	11.66		
涪陵区	43.9	30.6	69.70	1.0	2.28	9.9	22.55	2.4	5.47
长寿区	49.6	20.2	40.73	1.8	3.63	27.6	55.65		
江津区	36.2	25.4	70.17	0.2	0.55	10.1	27.90	0.5	1.38

续表

项目	创新费用支出合计/亿元	内部研发经费支出	所占比重/%	外部研发经费支出	所占比重/%	获得机器设备和软件经费支出	所占比重/%	从外部获取相关技术经费支出	所占比重/%
合川区	8.9	4.2	47.19	0.3	3.37	3.3	37.08	1.1	12.36
永川区	26.3	20.8	79.09	0.1	0.38	5.3	20.15	0.1	0.38
南川区	7.2	5.9	81.94			1.3	18.06		
綦江区	18.0	13.2	73.33			4.8	26.67		
潼南区	9.4	8.1	86.17			1.3	13.83		
铜梁区	19.1	16.5	86.39	0.1	0.52	2.5	13.09		
大足区	20.6	18.5	89.81	0.1	0.49	2.0	9.71		
荣昌区	19.7	14.6	74.11	0.2	1.02	4.8	24.37	0.1	0.51
璧山区	31.4	24.8	78.98	1.1	3.50	5.3	16.88	0.2	0.64
万州区	16.7	3.8	22.75			12.8	76.65	0.1	0.60
梁平区	6.3	4.4	69.84			1.9	30.16		
城口县									
丰都县	1.8	1.0	55.56			0.8	44.44		
垫江县	4.3	2.3	53.49	0.1	2.33	1.9	44.19		
忠 县	4.2	3.7	88.10			0.5	11.91		
开州区	4.5	3.0	66.67			1.5	33.33		
云阳县	4.2	2.1	50.00	0.1	2.38	2.0	47.62		
奉节县	2.5	1.8	72.00	0.1	4.00	0.6	24.00		
巫山县	0.4	0.2	50.00			0.2	50.00		
巫溪县	0.4	0.3	75.00			0.1	25.00		
黔江区	0.9	0.6	66.67			0.3	33.33		
武隆区	0.8	0.5	62.50			0.3	37.50		
石柱土家族自治县	1.8	0.9	50.00	0.1	5.56	0.8	44.44		
秀山土家族苗族自治县	2.3	1.4	60.87			0.9	39.13		
酉阳土家族苗族自治县	0.2	0.1	50.00			0.1	50.00		
彭水苗族土家族自治县	1.0	0.7	70.00			0.3	30.00		

7—5 规模（限额）以上企业创新合作开展情况（2022年）

项目	开展创新合作的企业数/个	创新合作企业占全部企业的比重/%	在创新合作企业中，与下列伙伴开展合作的企业占比/%								
			集团内其他企业	高等学校	研究机构	政府部门或行业协会	供应商	客户或消费者	竞争对手或同行业企业	咨询顾问、市场分析及中介机构	其他合作对象
总计	5776	29.6	37.8	20.4	13.5	23.1	40.9	48.7	20.6	15.8	14.5
一、按规模分											
大型企业	324	63.9	66.0	46.0	30.9	30.9	38.3	31.5	15.1	17.3	11.4
中型企业	1269	37.7	50.8	23.5	15.8	24.5	34.2	43.3	20.1	15.8	12.7
小型企业	3782	31.0	32.6	18.4	11.9	21.5	43.4	51.5	20.9	15.7	15.2
微型企业	401	11.5	22.9	8.7	6.5	27.4	39.7	53.4	23.7	15.5	17.2
二、按登记注册类型分											
内资企业	5529	29.2	36.4	20.4	13.7	23.5	40.6	49.1	20.7	16.1	14.7
国有企业	129	46.7	72.9	38.8	19.4	32.6	24.8	33.3	13.2	14.7	17.8
集体企业	3	7.3				33.3			33.3		66.7
股份合作企业	7	29.2	28.6	14.3			71.4	42.9	14.3	14.3	42.9
联营企业	2	25.0	50.0				50.0		50.0		50.0
有限责任公司	922	35.8	62.5	31.6	22.1	27.1	33.8	34.1	15.6	14.3	11.5
股份有限公司	121	43.8	51.2	47.9	31.4	39.7	38.0	37.2	19.0	19.0	9.1
私营企业	4345	27.6	29.4	16.7	11.2	22.0	42.6	53.1	22.1	16.4	15.4
其他企业											
港、澳、台商投资企业	75	35.5	69.3	25.3	14.7	14.7	41.3	41.3	16.0	9.3	8.0
合资经营企业（港或澳、台资）	29	52.7	62.1	34.5	13.8	10.3	41.4	37.9	13.8	6.9	10.3
合作经营企业（港或澳、台资）	42	28.6	76.2	19.0	14.3	16.7	40.5	45.2	14.3	9.5	7.1
港、澳、台商独资经营企业	3	42.9	33.3		33.3	33.3	33.3		33.3	33.3	
港、澳、台商投资股份有限公司	1	100.0	100.0	100.0			100.0	100.0	100.0		
其他港、澳、台投资企业											
外商投资企业	172	43.7	70.3	19.8	6.4	15.1	47.7	41.3	17.4	9.9	11.6
中外合资经营企业	92	59.0	67.4	21.7	7.6	14.1	38.0	46.7	18.5	10.9	10.9
中外合作经营企业	3	50.0	100.0	33.3			66.7	66.7			
外资企业	69	32.7	69.6	17.4	5.8	17.4	58.0	31.9	15.9	10.1	14.5

续表

项目	开展创新合作的企业数/个	创新合作企业占全部企业的比重/%	在创新合作企业中，与下列伙伴开展合作的企业占比/%								
			集团内其他企业	高等学校	研究机构	政府部门或行业协会	供应商	客户或消费者	竞争对手或同行业企业	咨询顾问、市场分析及中介机构	其他合作对象
外商投资股份有限公司	5	50.0	100.0				80.0	60.0			
其他外商投资企业	3	27.3	100.0	33.3		33.3	33.3	33.3	66.7		
三、按行业分											
采矿业	32	19.3	43.8	12.5	9.4	12.5	50.0	31.3	9.4	18.8	15.6
制造业	3478	48.8	38.6	22.0	15.8	17.9	46.8	50.5	18.1	14.3	12.4
电力、热力、燃气及水生产和供应业	68	21.5	55.9	22.1	26.5	19.1	29.4	11.8	5.9	10.3	19.1
建筑业	224	14.6	38.8	25.9	16.5	40.6	41.5	28.1	17.4	25.0	16.5
批发和零售业	1178	15.8	25.1	7.1	3.7	25.6	34.6	58.2	27.8	17.6	19.9
交通运输、仓储和邮政业	93	12.2	46.2	9.7	5.4	31.2	33.3	41.9	24.7	17.2	15.1
信息传输、软件和信息技术服务业	292	51.6	57.5	34.9	15.4	40.1	27.4	43.5	24.7	14.4	10.6
租赁和商务服务业	124	13.0	41.9	16.1	4.0	35.5	13.7	37.1	25.8	22.6	26.6
科学研究和技术服务业	228	45.8	50.0	46.5	26.3	39.5	23.7	29.4	22.8	18.9	14.9
水利、环境和公共设施管理业	59	32.2	52.5	28.8	18.6	40.7	25.4	18.6	11.9	16.9	10.2
四、按区县分											
渝中区	169	22.3	41.4	20.1	7.1	32.0	27.2	49.7	24.9	24.3	13.6
大渡口区	97	25.5	34.0	25.8	12.4	16.5	39.2	49.5	24.7	14.4	22.7
江北区	177	27.7	47.5	25.4	15.8	22.0	41.2	46.3	21.5	13.0	19.2
沙坪坝区	167	23.6	37.7	32.9	17.4	23.4	38.9	50.9	19.8	15.0	16.2
九龙坡区	426	32.2	39.4	24.6	14.1	22.8	41.3	50.2	22.1	14.1	12.0
南岸区	220	29.5	45.9	28.6	18.6	21.8	37.3	40.0	20.5	15.9	17.3
北碚区	224	38.5	42.9	32.6	18.3	23.7	38.4	51.3	20.1	17.4	13.4
渝北区	554	35.2	54.2	30.0	18.4	26.9	38.3	41.9	19.7	15.2	11.9
巴南区	222	32.8	38.3	17.6	9.9	18.5	46.8	51.4	23.0	16.7	16.2
涪陵区	244	32.1	45.1	23.0	16.4	21.7	36.9	38.5	19.3	17.6	17.2
长寿区	163	28.4	42.9	25.8	11.7	19.0	42.9	48.5	28.2	18.4	10.4
江津区	340	32.6	33.2	19.4	11.5	20.3	44.1	55.3	21.8	13.5	13.5

续表

项目	开展创新合作的企业数/个	创新合作企业占全部企业的比重/%	在创新合作企业中，与下列伙伴开展合作的企业占比/%								
			集团内其他企业	高等学校	研究机构	政府部门或行业协会	供应商	客户或消费者	竞争对手或同行业企业	咨询顾问、市场分析及中介机构	其他合作对象
合川区	129	31.9	32.6	17.1	14.7	17.1	50.4	53.5	17.1	15.5	13.2
永川区	216	32.0	30.6	17.6	10.6	19.9	44.0	50.9	21.3	14.4	16.7
南川区	106	31.6	27.4	12.3	16.0	26.4	35.8	42.5	21.7	17.9	18.9
綦江区	186	29.1	34.9	14.0	10.8	21.5	40.9	46.2	16.7	16.7	11.8
潼南区	124	33.7	30.6	17.7	14.5	25.0	37.9	35.5	18.5	16.9	12.9
铜梁区	184	31.5	34.8	13.6	9.8	17.9	55.4	53.8	17.9	22.3	10.3
大足区	191	30.0	37.7	13.6	9.4	15.2	46.1	57.1	20.4	13.1	16.2
荣昌区	220	32.5	32.3	9.1	14.5	21.4	51.4	48.2	21.8	10.5	11.8
璧山区	263	34.7	31.2	13.3	11.8	18.6	42.2	56.7	17.1	10.6	17.9
万州区	151	26.0	41.1	21.2	11.9	21.9	37.7	45.0	25.8	13.2	14.6
梁平区	72	22.5	43.1	8.3	4.2	8.3	44.4	37.5	9.7	11.1	13.9
城口县	14	29.2	35.7	7.1	7.1	35.7	14.3	42.9	21.4	14.3	42.9
丰都县	78	32.5	17.9	12.8	10.3	48.7	42.3	28.2	17.9	10.3	12.8
垫江县	105	33.2	25.7	20.0	11.4	25.7	41.0	57.1	20.0	22.9	13.3
忠县	62	23.2	24.2	24.2	14.5	29.0	29.0	48.4	22.6	21.0	17.7
开州区	100	27.6	45.0	14.0	10.0	24.0	44.0	40.0	19.0	17.0	16.0
云阳县	102	20.0	32.4	38.2	24.5	40.2	37.3	57.8	21.6	20.6	11.8
奉节县	114	23.0	22.8	9.6	10.5	28.9	43.0	49.1	14.9	20.2	14.9
巫山县	30	18.2	20.0	6.7	10.0	20.0	20.0	63.3	10.0	13.3	20.0
巫溪县	23	19.8	17.4	17.4	8.7	39.1	39.1	52.2	21.7	17.4	21.7
黔江区	43	21.2	37.2	14.0	9.3	37.2	39.5	62.8	30.2	23.3	14.0
武隆区	29	21.2	37.9	6.9	13.8	20.7	37.9	41.4	17.2	13.8	17.2
石柱土家族自治县	43	30.1	27.9	11.6	11.6	20.9	46.5	60.5	32.6	14.0	16.3
秀山土家族苗族自治县	114	26.3	31.6	0.9	7.9	28.1	27.2	64.0	17.5	16.7	10.5
酉阳土家族苗族自治县	44	28.8	25.0	22.7	20.5	31.8	34.1	50.0	15.9	13.6	20.5
彭水苗族土家族自治县	30	13.9	30.0	13.3	6.7	26.7	26.7	50.0	23.3	23.3	20.0

7-6 规模（限额）以上企业组织和营销创新情况（2022 年）

项目	实现组织或营销创新企业数/个	#实现组织创新企业	#实现营销创新企业	在全部企业中占比/%		
				实现组织或营销创新企业	#实现组织创新企业	#实现营销创新企业
总计	5874	4717	4139	30.06	24.14	21.18
一、按规模分						
大型企业	279	239	194	55.03	47.14	38.26
中型企业	1299	1077	869	38.63	32.03	25.84
小型企业	3806	3009	2733	31.20	24.67	22.41
微型企业	490	392	343	14.10	11.28	9.87
二、按登记注册类型分						
内资企业	5667	4553	3997	29.92	24.04	21.11
国有企业	118	96	70	42.75	34.78	25.36
集体企业	5	4	3	12.20	9.76	7.32
股份合作企业	8	6	5	33.33	25.00	20.83
联营企业						
有限责任公司	873	730	534	33.88	28.33	20.72
股份有限公司	123	103	92	44.57	37.32	33.33
私营企业	4540	3614	3293	28.86	22.97	20.93
其他企业						
港、澳、台商投资企业	71	53	52	33.65	25.12	24.65
合资经营企业（港或澳、台资）	23	18	16	41.82	32.73	29.09
合作经营企业（港或澳、台资）						
港、澳、台商独资经营企业	45	33	33	30.61	22.45	22.45
港、澳、台商投资股份有限公司	2	1	2	28.57	14.29	28.57
其他港、澳、台商投资企业	1	1	1	100.00	100.00	100.00
外商投资企业	136	111	90	34.52	28.17	22.84
中外合资经营企业	73	60	47	46.80	38.46	30.13
中外合作经营企业	1	1	1	16.67	16.67	16.67
外资企业	54	44	35	25.59	20.85	16.59
外商投资股份有限公司	6	4	5	60.00	40.00	50.00
其他外商投资企业	2	2	2	18.18	18.18	18.18
三、按行业分						
采矿业	36	32	15	21.69	19.28	9.04
制造业	3016	2375	2307	42.34	33.34	32.39
电力、热力、燃气及水生产和供应业	67	61	26	21.14	19.24	8.20
建筑业	280	265	99	18.24	17.26	6.45
批发和零售业	1648	1264	1199	22.16	17.00	16.12
交通运输、仓储和邮政业	109	99	44	14.29	12.98	5.77
信息传输、软件和信息技术服务业	273	244	190	48.23	43.11	33.57
租赁和商务服务业	192	148	114	20.08	15.48	11.93
科学研究和技术服务业	200	184	115	40.16	36.95	23.09
水利、环境和公共设施管理业	53	45	30	28.96	24.59	16.39

项目	实现组织或营销创新企业数/个	#实现组织创新企业	#实现营销创新企业	在全部企业中占比/%		
				实现组织或营销创新企业	#实现组织创新企业	#实现营销创新企业
四、按区县分						
渝中区	195	166	123	25.73	21.90	16.23
大渡口区	101	78	59	26.58	20.53	15.53
江北区	176	145	101	27.54	22.69	15.81
沙坪坝区	184	152	113	25.95	21.44	15.94
九龙坡区	404	327	280	30.54	24.72	21.16
南岸区	255	206	178	34.23	27.65	23.89
北碚区	204	165	136	35.05	28.35	23.37
渝北区	550	454	357	34.99	28.88	22.71
巴南区	234	181	167	34.62	26.78	24.70
涪陵区	224	181	168	29.51	23.85	22.13
长寿区	164	131	125	28.57	22.82	21.78
江津区	355	306	252	34.04	29.34	24.16
合川区	127	98	93	31.36	24.20	22.96
永川区	214	165	158	31.70	24.44	23.41
南川区	112	85	81	33.43	25.37	24.18
綦江区	175	136	122	27.34	21.25	19.06
潼南区	113	88	85	30.71	23.91	23.10
铜梁区	160	121	123	27.35	20.68	21.03
大足区	184	143	141	28.93	22.48	22.17
荣昌区	212	151	164	31.36	22.34	24.26
璧山区	230	192	151	30.38	25.36	19.95
万州区	171	132	115	29.43	22.72	19.79
梁平区	78	62	66	24.38	19.38	20.63
城口县	19	16	14	39.58	33.33	29.17
丰都县	79	67	66	32.92	27.92	27.50
垫江县	109	87	85	34.49	27.53	26.90
忠　县	86	65	66	32.21	24.35	24.72
开州区	90	66	63	24.86	18.23	17.40
云阳县	122	102	95	23.97	20.04	18.66
奉节县	118	93	89	23.79	18.75	17.94
巫山县	35	30	23	21.21	18.18	13.94
巫溪县	31	26	23	26.72	22.41	19.83
黔江区	55	43	34	27.09	21.18	16.75
武隆区	26	17	21	18.98	12.41	15.33
石柱土家族自治县	50	43	36	34.97	30.07	25.18
秀山土家族苗族自治县	140	122	100	32.26	28.11	23.04
酉阳土家族苗族自治县	55	45	42	35.95	29.41	27.45
彭水苗族土家族自治县	37	30	24	17.13	13.89	11.11

7-7 规模（限额）以上企业创新战略目标制定情况（2022 年）

项目	制定创新战略目标的企业数／个	制定创新战略目标企业占全部企业的比重／%	在制定创新战略目标企业中，制定下列目标的企业占比／%						
			保持本领域的国际领先地位	赶超同行业国际领先企业	赶超同行业国内领先企业	增加创新投入，提升企业竞争力	保持现有的技术水平和生产经营状况	其他目标
总计	7904	40.44	3.37	3.80	18.03	51.70	19.56	3.56
一、按规模分								
大型企业	371	73.18	9.43	9.16	23.18	48.25	8.09	1.89
中型企业	1653	49.15	4.48	4.84	21.17	50.58	15.55	3.39
小型企业	5251	43.05	2.67	3.33	16.97	53.10	20.70	3.24
微型企业	629	18.10	2.70	1.75	15.58	44.99	27.35	7.63
二、按登记注册类型分								
内资企业	7593	40.09	2.94	3.61	17.89	52.10	19.89	3.58
国有企业	150	54.35	2.00	6.00	16.00	56.67	13.33	6.00
集体企业	9	21.95			11.11	44.44	44.44	
股份合作企业	6	25.00	25.00		25.00	50.00	50.00	
联营企业	4	50.00				50.00		
有限责任公司	1246	48.35	3.53	4.25	19.90	54.17	14.05	4.09
股份有限公司	162	58.70	8.64	7.41	20.99	50.62	10.49	1.85
私营企业	6016	38.24	2.68	3.32	17.45	51.61	21.46	3.47
其他企业								
港、澳、台商投资企业	106	50.24	14.15	8.49	25.47	38.68	9.43	3.77
合资经营企业（港或澳、台资）	35	63.64	5.71	11.43	28.57	40.00	11.43	2.86
合作经营企业（港或澳、台资）								
港、澳、台商独资经营企业	67	45.58	17.91	7.46	23.88	37.31	8.96	4.48
港、澳、台商投资股份有限公司	3	42.86	33.33			66.67		
其他港、澳、台商合作经营企业	1	100.00			100.00			
外商投资企业	205	52.03	13.66	8.29	19.51	43.42	12.68	2.44
中外合资经营企业	100	64.10	10.00	10.00	16.00	49.00	15.00	
中外合作经营企业	5	83.33			20.00	40.00	20.00	20.00
外资企业	87	41.23	18.39	8.05	19.54	37.93	11.49	4.60

续表

项目	制定创新战略目标的企业数/个	制定创新战略目标企业占全部企业的比重/%	在制定创新战略目标企业中，制定下列目标的企业占比/%					
			保持本领域的国际领先地位	赶超同行业国际领先企业	赶超同行业国内领先企业	增加创新投入，提升企业竞争力	保持现有的技术水平和生产经营状况	其他目标
外商投资股份有限公司	8	80.00	25.00		50.00	25.00		
其他外商投资企业	5	45.46			40.00	60.00		
三、按行业分								
采矿业	47	28.31	6.38	4.26	12.77	51.06	19.15	6.38
制造业	4146	58.21	3.50	4.97	19.34	56.37	14.54	1.28
电力、热力、燃气及水生产和供应业	111	35.02	2.70	1.80	16.22	48.65	21.62	9.01
建筑业	405	26.38	1.73	1.24	10.37	49.14	32.59	4.94
批发和零售业	1943	26.13	3.45	2.63	15.65	42.82	28.62	6.85
交通运输、仓储和邮政业	225	29.49	1.33	2.22	25.78	41.78	24.89	4.00
信息传输、软件和信息技术服务业	353	62.37	4.25	2.55	22.95	59.49	8.22	2.55
租赁和商务服务业	303	31.70	2.64	1.32	17.49	41.91	27.39	9.24
科学研究和技术服务业	295	59.24	4.07	4.41	15.93	57.63	14.58	3.39
水利、环境和公共设施管理业	76	41.53	3.95	3.95	18.42	51.32	14.47	7.90
四、按区县分								
渝中区	284	37.47	3.87	1.41	18.66	49.65	22.18	4.23
大渡口区	141	37.11	5.67	4.97	17.73	48.23	17.73	5.67
江北区	299	46.79	3.68	2.68	23.08	48.16	17.39	5.02
沙坪坝区	274	38.65	2.92	4.02	14.96	51.46	22.63	4.02
九龙坡区	580	43.84	3.62	3.45	18.62	51.72	20.35	2.24
南岸区	341	45.77	2.64	4.69	25.81	45.16	15.25	6.45
北碚区	299	51.38	4.35	9.70	19.40	52.51	12.71	1.34
渝北区	766	48.73	4.44	4.05	23.63	49.74	14.75	3.39
巴南区	305	45.12	0.98	3.61	18.69	53.12	19.34	4.26
涪陵区	320	42.16	4.38	4.06	17.50	50.00	20.31	3.75
长寿区	239	41.64	3.35	6.70	16.74	51.88	17.99	3.35
江津区	465	44.58	3.66	4.52	17.85	56.56	15.48	1.94

续表

项目	制定创新战略目标的企业数/个	制定创新战略目标企业占全部企业的比重/%	在制定创新战略目标企业中，制定下列目标的企业占比/%					其他目标
			保持本领域的国际领先地位	赶超同行业国际领先企业	赶超同行业国内领先企业	增加创新投入，提升企业竞争力	保持现有的技术水平和生产经营状况	
合川区	182	44.94	0.55	2.20	18.68	59.89	14.84	3.85
永川区	242	35.85	5.79	5.37	14.05	55.79	16.53	2.48
南川区	131	39.10	2.29	3.82	15.27	48.86	23.66	6.11
綦江区	224	35.00	4.91	5.36	13.84	48.21	22.77	4.91
潼南区	139	37.77	5.04	4.32	25.18	45.32	17.99	2.16
铜梁区	245	41.88		1.63	15.92	62.86	17.96	1.63
大足区	236	37.11	5.51	2.54	11.44	49.15	27.54	3.81
荣昌区	293	43.34	2.39	2.39	17.41	50.51	24.23	3.07
璧山区	348	45.97	3.74	3.45	18.97	55.46	16.09	2.30
万州区	232	39.93	2.16	2.59	17.24	45.26	28.02	4.74
梁平区	95	29.69	1.05	3.16	14.74	52.63	21.05	7.37
城口县	20	41.67		5.00	15.00	55.00	25.00	
丰都县	76	31.67		3.95	15.79	53.95	21.05	5.26
垫江县	118	37.34	5.09	5.09	15.25	55.09	16.10	3.39
忠 县	94	35.21	4.26		12.77	42.55	35.11	5.32
开州区	140	38.67	1.43	3.57	27.86	45.71	17.86	3.57
云阳县	144	28.29	0.69	1.39	10.42	65.28	18.75	3.47
奉节县	117	23.59	2.56	5.13	9.40	52.14	25.64	5.13
巫山县	46	27.88	2.17		4.35	65.22	23.91	4.35
巫溪县	35	30.17	5.71	5.71	14.29	57.14	17.14	
黔江区	81	39.90	3.70	2.47	19.75	48.15	23.46	2.47
武隆区	44	32.12		2.27	20.46	50.00	27.27	
石柱土家族自治县	61	42.66	4.92	4.92	14.75	45.90	27.87	1.64
秀山土家族苗族自治县	153	35.25	2.61	1.31	9.15	59.48	24.18	3.27
酉阳土家族苗族自治县	57	37.26	3.51	1.75	7.02	50.88	29.83	7.02
彭水苗族土家族自治县	38	17.59	7.90	2.63	15.79	28.95	39.47	5.26

八、科技计划及成果

说明：科技计划及成果数据调查范围为国家科技计划项目获取情况、重庆市市级科技计划项目立项情况、科技平台运行情况、科技型企业发展情况、重庆市专利情况、技术市场交易情况、成果登记和科技奖励情况、高新技术企业认定情况。

8-1 争取国家科技计划项目（2019—2022 年）

计划类别	2019 年		2020 年		2021 年		2022 年	
	立项数/项	计划拨款/万元	立项数/项	计划拨款/万元	立项数/项	计划拨款/万元	立项数/项	计划拨款/万元
合计	889	76161.53	928	66889.1	1055	193756.9	1061	118599
科技部计划	28	31761.53	12	15700	101	134992.6	100	72599
工程研究中心								
国家重点实验室			2					
农业科技成果转化	9	1000						
国家技术创新中心					1			
国家野外科学观测研究站					2			
科技富民惠民								
国际科技合作					3	1300		
成果转化								
软科学								
科技重大专项	1	902			3	9450		
重点研发计划	18	29859.53	10	15700	36	78749.9	59	54900
研究开发专项								
军民融合创新					53	27451.4	41	17699
其他（园区）					3	18041.3		
国家自然科学基金	861	44400	916	51189.10	954	58764.3	961	46000

8-2 重庆市市级科技计划项目（2022 年）

计划/专项类别	项目数/项	计划总额/万元	当年计划/万元
合计	2668	74235	58128
自然科学基金	1719	8000	8000
技术创新与应用发展	506	61395	45288
技术预见与制度创新	233	2140	2140
其他	210	2700	2700

8-3　按技术领域分市级科技计划项目立项（2022 年）

技术领域名称	已拨款项目数 /项	计划总额 /万元	已执行 /万元
合计	2668	74235	58128
电子信息	272	10280	8639
服务业	42	2325	1560
环境保护	155	3195	2583
交通城建	116	1945	1380
科技服务	54	1520	1205
能源资源	193	4600	3355
汽车与摩托车	39	755	440
社会发展	88	5595	3890
现代农业	379	10890	8710
新材料	245	4675	3581
医药卫生	645	13515	10805
装备制造	70	11615	9310
综合化工	183	1720	1405
其他	187	1605	1265

8-4　按单位性质分市级科技计划项目立项（2022 年）

单位性质名称	项目数 /项	计划总额 /万元	当年计划 /万元
合计	2668	74235	58128
高等院校	1583	18145	16360
研究院所	503	14855	12750
企业	312	34980	24113
公益性机构	39	520	460
政府机构	15	230	215
其他	216	5505	4230

8-5　重庆市重点实验室（2016—2022 年）

项目	2016 年	2017 年	2018 年	2019 年	2020 年	2021 年	2022 年
国家重点实验室/个	8	8	8	8	10	10	10
重庆市重点实验室/个	114	136	171	172	210	210	211
实验室人员/人	3772	4925	6870	7589	7849	10406	11373
完成投资/万元	82573	127417	170000	217469	412500	476543	638074
＃政府投资	38124	40364	97000	104317	107789	101761	100923
累计仪器设备总值/亿元	19.86	36	42	67.7	117	102	107
＃新增仪器设备总值/亿元	1.86	2.92	5.84	5.36	20.81	10.26	9.4
建筑面积/平方米	240500	641400	890000	1171338	1245934	1401000	951617
新立项科研项目/项	882	2090	3200	4698	5373	6991	6849
项目拨款经费/万元	82573	99016	117016	217102	200862	438413	429066
获得奖励/项	65	70	281	403	343	1513	347
出版专著/部	51	107	245	287	277	367	248
发表期刊或会议论文/篇	2006	8948	8948	10488	11257	12879	13646
＃国际期刊	–	2639	4282	5996	6762	8471	8820
国际会议论文	–	1012	602	826	602	656	630
申请专利/件	379	1608	2240	3829	3809	5651	6859
＃发明专利	332	1096	1592	2825	2681	2323	4743
获得专利授权/项	651	1083	1453	2619	2479	3991	4628
＃发明专利	479	701	978	1627	1727	2323	3102
培养出站（毕业）人才/人	3772	3823	4748	8417	5880	5952	5040
主办学术会议/次	235	–	449	636	579	664	621

注：2022 年国家重点实验室及重庆市重点实验室名单见附录。

8-6　重庆市新型研发机构（2018—2022 年）

指标	2018 年	2019 年	2020 年	2021 年	2022 年
新型研发机构机构/个	66	86	142	179	179
创新平台数量/个	64	123	134	147	147
在职人员/人	1989	2941	9981	12105	14785
＃研发人员	1576	2332	7739	8619	11348
＃高级职称	517	715	1179	2170	2274

续表

指标	2018 年	2019 年	2020 年	2021 年	2022 年
#博上人员	388	528	1120	1716	2015
累计仪器设备原值总值/万元	46202	63556	120350	195609	333408
#新增仪器设备原值总值	6554	12964	56794	75259	137902
新立项科研项目/项	153	240	940	1522	1681
项目拨款经费/万元	8758	12182	72397.8	92080.8	205991
申请专利/件	649	813	2087	2548	3125
#发明专利	246	395	1061	1653	1733
获得专利授权/项	396	386	1212	1214	2035
#发明专利	75	50	179	376	719
新型研发机构总收入/万元	1029212	1037031	1336208.1	1792325.8	2046393.0
孵化企业数量/家	92	133	316	572	656
研发投入经费（R&D）/万元	49081	65410	194890.24	255083.8	422566

8-7 重庆市科技型企业（2022 年）

类别及名称	企业数/家	主营业务收入/亿元	研发人员数/人	高层次科技人才数/人	发明专利授权/件	研发平台数/个
合计	42989	13648.98	236346	1418	9649	780
一、按产业分						
第一产业	5561	209.91	9915	120	320	12
第二产业	16818	11565.62	146172	592	6745	579
第三产业	20610	1873.45	80259	706	2584	189
二、按技术领域分						
电子信息	8281	1807.13	40157	209	1610	99
高技术服务	7779	1804.87	41340	456	1426	106
航空航天	60	7.64	1653	17	31	2
生物与新医药	2939	876.86	16643	163	1193	97
先进制造与自动化	6580	4246.85	65325	199	2496	259
新材料	2810	2377.63	22336	86	1417	109
新能源与节能	905	724.42	8918	41	435	36
资源与环境	1566	555.19	8278	67	421	37
其他	12069	1248.39	31696	180	620	35

续表

类别及名称	企业数/家	主营业务收入/亿元	研发人员数/人	高层次科技人才数/人	发明专利授权/件	研发平台数/个
三、按区县分						
渝中区	971	629.92	7538	134	208	16
大渡口区	450	528.52	6221	35	343	18
江北区	1819	759.59	12815	63	499	36
沙坪坝区	2286	1120.61	10823	76	320	31
九龙坡区	3120	937.74	21421	116	1242	94
南岸区	1945	556.68	11379	102	510	63
北碚区	2854	448.46	14876	85	487	43
渝北区	5319	2315.62	48485	219	1647	169
巴南区	4501	462.63	10108	27	349	31
涪陵区	1442	1158.74	8041	67	176	28
长寿区	760	402.74	5888	34	605	20
江津区	1678	697.59	10983	57	542	52
合川区	1016	192.73	4184	22	414	11
永川区	1201	202.22	5166	13	203	21
南川区	588	98.24	2217	17	86	4
綦江区（不含万盛）	1976	220.28	5240	9	97	27
潼南区	825	115.42	2990	12	131	10
铜梁区	961	238.03	6051	16	289	13
大足区	1254	635.86	2819	2	107	1
荣昌区	1273	122.82	4533	38	202	9
璧山区	1587	556.79	11852	69	363	36
万州区	776	694.59	5655	67	105	11
梁平区	262	22.46	1043	1	66	5
城口县	114	4.79	246		4	
丰都县	174	65.30	707	15	10	1
垫江县	267	71.45	1929	16	87	4
忠　县	284	34.43	1570	18	34	3
开州区	306	55.67	2182	11	114	5
云阳县	276	19.86	959	4	32	

续表

类别及名称	企业数/家	主营业务收入/亿元	研发人员数/人	高层次科技人才数/人	发明专利授权/件	研发平台数/个
奉节县	502	24.34	1350	15	164	2
巫山县	79	1.19	114		15	
巫溪县	79	4.62	233	4	16	
黔江区	431	45.53	1397	11	50	7
武隆区	184	13.66	626	11	4	
石柱土家族自治县	237	28.02	702	12	16	6
秀山土家族苗族自治县	318	14.92	797	2	10	
酉阳土家族苗族自治县	299	6.79	482	4	30	
彭水苗族土家族自治县	126	5.81	229	11	14	1
两江新区	4038	2146.26	42724	190	1442	150
重庆高新区	1450	1117.58	11089	81	666	52
万盛经开区	449	134.35	2495	3	58	2
璧山高新区	949	478.13	9094	68	270	32

8-8 各区县国内专利授权数（2022 年）

单位：件

区县	合计	#发明	实用新型	外观设计	#大专院校	科研院所	机关团体	企业	个人
全市	66467	12207	46556	7704	8878	1109	2067	49102	5311
渝中区	2265	368	1794	103	423	4	517	1092	229
大渡口区	1544	174	1196	174	1		5	1476	62
江北区	4616	951	3009	656	119	24	197	4051	225
沙坪坝区	5629	2204	3134	291	3208	27	63	1973	358
九龙坡区	5993	775	4531	687	172	220	121	5246	234
南岸区	4825	2056	2369	400	1967	159	23	2378	298
北碚区	3615	1004	2292	319	643	156	39	2663	114
渝北区	9366	1827	6680	859	313	420	327	7944	362
巴南区	2937	355	2166	416	292	5	65	2443	132
涪陵区	1496	185	1002	309	115	2	72	1127	180
长寿区	1453	191	1171	91	162	4	11	1208	68

续表

区县	合计	#发明	实用新型	外观设计	#大专院校	科研院所	机关团体	企业	个人
江津区	4123	546	2943	634	600	2	68	3264	189
合川区	1383	126	1023	234	45	14	17	1146	161
永川区	2027	266	1599	162	403	2	21	1427	174
南川区	569	41	447	81	1	7	17	451	93
綦江区（不含万盛）	1029	50	841	138		1	77	826	125
万盛经开区	310	23	254	33			7	263	40
潼南区	637	33	459	145	2	5	12	443	175
铜梁区	1362	86	1178	98	1		36	1236	89
大足区	1496	73	1175	248	6		10	1308	172
荣昌区	1127	108	818	201	19	48	17	917	126
璧山区	2849	292	2324	233	55		50	2646	98
万州区	1365	93	1084	188	271	5	12	862	215
梁平区	592	62	429	101			9	481	102
城口县	86	13	56	17				63	23
丰都县	226	12	159	55	1		34	107	84
垫江县	474	50	386	38			34	354	86
忠　县	306	18	169	119			7	139	160
开州区	550	48	340	162	8		37	283	222
云阳县	405	51	229	125			40	174	191
奉节县	368	59	213	96		1	39	211	117
巫山县	98	5	39	54			1	20	77
巫溪县	260	22	178	60			11	173	76
黔江区	328	7	264	57	49	3	32	188	56
武隆区	120	5	100	15			11	75	34
石柱土家族自治县	186	8	150	28			5	141	40
秀山土家族苗族自治县	212	8	169	35			8	155	49
酉阳土家族苗族自治县	117	3	85	29	2		10	58	47
彭水苗族土家族自治县	123	9	101	13			5	90	28

8-9 有效发明专利情况（2014—2022 年）

	2014 年	2015 年	2016 年	2017 年	2018 年	2019 年	2020 年	2021 年	2022 年
有效发明专利量/件	10010	12810	16737	22298	27932	32443	35353	42349	51856
常住人口/万人	2991.4	3016.55	3016.55	3075.16	3075.16	3101.79	3124.32	3205.42	3212.43
专利密度/件·万人$^{-1}$	3.35	4.25	5.55	7.25	9.08	10.46	11.32	13.21	16.14

8-10 各区县有效发明专利情况（2022 年）

区县	总人口/万人	有效量/件	按申请人类型分/件					专利密度/件·万人$^{-1}$
			大专院校	科研院所	机关团体	企业	个人	
全市	3212.43	51856	15569	2576	583	31660	1468	16.14
渝中区	58.83	1688	362	38	167	1015	106	28.69
大渡口区	42.42	966	1	0	0	951	14	22.77
江北区	92.95	3347	46	50	107	3066	78	36.01
沙坪坝区	148.34	8673	6840	88	13	1557	175	58.47
九龙坡区	152.9	4355	169	427	10	3638	111	28.48
南岸区	120.4	7218	4201	711	9	2120	177	59.95
北碚区	83.79	3626	1362	518	8	1687	51	43.27
渝北区	220.58	7142	350	548	99	5988	157	32.38
巴南区	118.78	1563	561	10	5	923	64	13.16
涪陵区	111.92	699	214	3	4	428	50	6.25
长寿区	69.22	1435	17	1	16	1352	49	20.73
江津区	136.28	2325	782	2	8	1502	31	17.06
合川区	124.25	1166	21	3	13	1089	40	9.38
永川区	114.92	1309	419	4	4	865	17	11.39
南川区	57.31	231	0	21	3	198	9	4.03
綦江区（不含万盛）	77.65	250	1	1	8	228	12	3.22
万盛经开区	23.63	184	0	0	0	171	13	7.79
潼南区	69.04	469	1	1	4	430	33	6.79
铜梁区	68.94	530	0	2	10	506	12	7.69
大足区	83.64	347	0	3	0	325	19	4.15
荣昌区	67	736	35	99	6	567	29	10.99
璧山区	75.84	1242	5	0	5	1210	22	16.38
万州区	156.87	556	170	5	5	334	42	3.54
梁平区	64.54	179	0	0	1	172	6	2.77

续表

区县	总人口/万人	有效量/件	按申请人类型分/件					专利密度/件·万人$^{-1}$
			大专院校	科研院所	机关团体	企业	个人	
城口县	19.8	17	0	0	0	10	7	0.86
丰都县	55.6	79	0	0	0	63	16	1.42
垫江县	64.99	195	0	0	4	173	18	3.00
忠　县	72.15	137	4	0	4	112	17	1.90
开州区	120.47	234	3	0	4	202	25	1.94
云阳县	93.09	53	0	0	1	48	4	0.57
奉节县	74.73	340	3	1	44	281	11	4.55
巫山县	46.42	28	0	0	6	18	4	0.60
巫溪县	38.96	134	0	0	6	110	18	3.44
黔江区	48.86	105	1	1	3	97	3	2.15
武隆区	35.65	23	0	0	0	21	2	0.65
石柱土家族自治县	38.8	131	0	37	5	83	6	3.38
秀山土家族苗族自治县	49.63	43	0	0	1	34	8	0.87
酉阳土家族苗族自治县	60.72	54	0	0	0	46	8	0.89
彭水苗族土家族自治县	52.52	47	1	2	0	40	4	0.89

8-11　技术市场成交合同数（2015—2022 年）

单位：件

项目	2015 年	2016 年	2017 年	2018 年	2019 年	2020 年	2021 年	2022 年
合计	2706	2094	2129	2952	3822	3592	7266	6919
一、按合同类型分								
技术开发	1331	1464	1387	1203	1505	1625	1975	2359
技术转让	937	293	386	183	147	179	269	237
技术咨询	156	50	31	183	554	575	939	400
技术服务	282	287	325	1383	1616	1213	4083	3911
技术许可								12
二、按卖方类型分								
机关法人		9	1	6				1
事业法人	1012	1114	904	1856	2438	1533	4689	3296
#科研机构	292	240	288	1062	1790	744	3732	1020
高等院校	660	836	596	500	472	660	904	864
医疗、卫生	1	9	3	3	3	4		7
其他	59	29	17	292	173	125	53	1405

续表

项目	2015 年	2016 年	2017 年	2018 年	2019 年	2020 年	2021 年	2022 年
社团法人				103				1
企业法人	1660	937	1181	984	1381	2044	2568	3565
自然人		2	1	1	1	3	1	51
其他组织	34	32	42	2	2	12	8	5
三、按买方类型分								
机关法人	410	486	394	494	679	667	1028	1042
事业法人	962	487	552	426	485	622	633	733
#科研机构	314	243	179	139	138	99	142	168
高等院校	515	118	161	84	58	77	109	94
医疗、卫生	13	24	31	49	53	48	60	50
其他	120	102	181	154	236	398	322	421
社团法人	7	8	10	6	8	6	15	22
企业法人	1200	1036	1088	1907	2572	2262	5538	5054
自然人	119	73	83	102	26	9	6	45
其他组织	8	4	2	17	52	26	46	23

注：技术市场成交合同包括技术输出及吸纳国外技术合同数（不含向国内其他省市吸纳技术情况）。

8-12 技术市场成交额（2015—2022 年）

单位：万元

项目	2015 年	2016 年	2017 年	2018 年	2019 年	2020 年	2021 年	2022 年
合计	1457013	2574422	1216870	2661718	1503581	1542250	3108532	6304853
一、按合同类型分								
技术开发	402548	791552	512734	1762424	407443	410841	549191	570908
技术转让	835554	1594491	482003	710295	758948	590174	1293325	723822
技术咨询	125274	3031	8885	16105	29133	104156	79556	856517
技术服务	93636	185347	213248	172895	308057	437079	1186460	4145005
技术许可								8601
二、按卖方类型分								
机关法人		836000	15000	760000				89
事业法人	198000	174131	84331	126311	104476	124254	162514	150079
#科研机构	60191	44062	65911	97905	73578	65040	118570	61100
高等院校	134192	125296	14066	21598	26810	49264	38472	41640
医疗、卫生	75	2893	228	202	62	251		186

续表

项目	2015 年	2016 年	2017 年	2018 年	2019 年	2020 年	2021 年	2022 年
其他	3542	1878	4127	6575	4026	9698	5471	47152
社团法人				161				2500
企业法人	1096972	1315532	894637	1773651	1342530	1352233	2781395	6126758
自然人		307	170	750	40	823.55	900	14688
其他组织	162041	248451	222732	845	26535	64749	163723	10740
三、按买方类型分								
机关法人	93967	99454	60467	445026	67591	76977	337719	283346
事业法人	28152	23643	40897	29806	43979	81844	113000	81029
#科研机构	16929	13359	15953	16058	15543	8953	10827	17291
高等院校	4457	1316	5148	1162	5009	6815	6150	4510
医疗、卫生	13	3301	2058	1005	503	6971	21056	4640
其他	6610	5665	17739	11581	22924	59106	74967	54588
社团法人	134.6	566	575	88	1446	414	1017	37458
企业法人	1310406	2450082	1112998	2183672	1386994	1372660	2626845	5900034
自然人	955	571	1920	1448	391	2560	829	2351
其他组织	23398	102	13	1677	3181	7605	29121	635

注：技术市场成交额包括技术输出及吸纳国外技术合同金额（不含向国内其他省市吸纳技术情况）。

8-13　各区县技术市场成交合同数（2015—2022 年）

单位：件

区县	2015 年	2016 年	2017 年	2018 年	2019 年	2020 年	2021 年	2022 年
总计	2706	2094	2129	2952	3822	3592	7266	6919
重庆市	2638	2053	2066	2873	3760	3515	7194	6880
渝中区	137	104	47	104	76	51	40	317
大渡口区		3	8	8	7	9	24	49
江北区	245	194	325	1107	1848	496	2916	544
沙坪坝区	204	91	106	68	154	255	659	687
九龙坡区	174	157	105	144	283	166	422	800
南岸区	386	299	295	318	270	644	542	554
北碚区	348	688	543	388	277	392	433	593
渝北区	1108	466	574	387	504	788	1167	1431
巴南区		14	24	7	15	64	89	88

续表

区县	2015 年	2016 年	2017 年	2018 年	2019 年	2020 年	2021 年	2022 年
涪陵区	11	5	11	7	11	16	42	132
长寿区	5	10	14	288	248	393	430	1080
江津区						11	20	36
合川区	3	1	2	1		8	9	5
永川区	6	5	7	9	44	49	29	50
南川区						3	12	3
綦江区（不含万盛）				4	2	42	167	171
万盛经开区								12
潼南区		2				1	20	80
铜梁区				2		2	8	23
大足区		1			1		7	5
荣昌区			1		3	43	63	110
璧山区		1			3	10	25	29
万州区	7	8	1	27	9	44	37	45
梁平区	3		3			3	5	7
城口县								
丰都县		2						
垫江县	1					1	1	1
忠　　县					1		1	1
开州区							4	16
云阳县								
奉节县						5	13	4
巫山县								
巫溪县								
黔江区		2		4	2	14		
武隆区								1
石柱土家族自治县					2		2	1
秀山土家族苗族自治县						5	4	5
酉阳土家族苗族自治县								
彭水苗族土家族自治县							3	
其他	68	41	63	79	62	77	72	39

注：本表数据以合同卖方统计。

8-14 各区县技术市场成交额（2015—2022年）

单位：万元

区县	2015年	2016年	2017年	2018年	2019年	2020年	2021年	2022年
总计	1457013	2574422	1216870	2661718	1503581	1542250	3108532	6304852
重庆市	572366	1471871	513276	1882928	566518	1177864	1845009	5594684
渝中区	10082	189150	13487	27342	13929	16760	6511	13873
大渡口区		792	3721	4017	748	834	37232	183458
江北区	60781	68706	74077	116640	170627	187406	240911	71366
沙坪坝区	111829	136436	27841	203462	15527	60307	194205	235723
九龙坡区	59012	93809	109441	253798	35581	64598	361771	569985
南岸区	32479	33777	42655	33418	121004	163364	180492	508505
北碚区	40674	15393	24355	16477	23645	49431	45278	104343
渝北区	174238	45577	106295	47573	68932	449921	287556	3556202
巴南区		1765	14776	9722	1358	21155	24401	14956
涪陵区	44635	233103	59112	187730	44062	50779	207596	53019
长寿区	5415	10092	11971	28653	10517	34603	48866	28184
江津区						5123	47155	21661
合川区	6621	280	1480	19000		17267	19477	6383
永川区	915	1558	22513	5380	5376	603	235	7518
南川区						95	102	55
綦江区（不含万盛）				335000	188	15126	58579	70768
万盛经开区								20787
潼南区		85				159	282	4711
铜梁区				3325		150	6031	11719
大足区		50			100		327	27774
荣昌区			900		50282	21203	33335	21325
璧山区		0.4			2291	5486	12596	37571
万州区	20832	616100	615	589959	2111	10286	13396	16348
梁平区	4795		38			218	1065	753
城口县								
丰都县		22131						
垫江县	58					210	80	160
忠　县					122		20	200
开州区							11780	3109
云阳县								
奉节县						1183	2502	1207
巫山县								
巫溪县								
黔江区		3060		1434	57	1297		
武隆区								440

续表

区县	2015 年	2016 年	2017 年	2018 年	2019 年	2020 年	2021 年	2022 年
石柱土家族自治县					61		800	100
秀山土家族苗族自治县						300	449	2481
酉阳土家族苗族自治县								
彭水苗族土家族自治县							1980	
其他	884647	1102551	703595	778922	937063	364386	1263523	710168

8-15　技术合同输出及吸纳情况（2016—2022 年）

区县	2016 年	2017 年	2018 年	2019 年	2020 年	2021 年	2022 年
技术合同合计							
项数/项	5578	5634	5670	10031	3592	7266	6919
成交额/亿元	672.1	285.5	573.8	323.54	154.23	310.85	630.49
技术合同输出							
项数/项	2053	2070	2875	3788	1266	5382	6880
成交额/亿元	147.2	51.4	188.3	71.23	53.39	199.82	559.47
技术合同吸纳							
国内项数/项	3484	3501	2206	6178	2227	1800	8942
国外项数/项	41	63	79	65	99	84	39
国内成交额/亿元	414.6	163.7	130.4	158.35	66.16	107.86	719.18
国外成交额/亿元	110.3	70.4	77.9	93.96	34.68	3.77	71.02

8-16　成果登记（2015—2022 年）

单位：项

项目	2015 年	2016 年	2017 年	2018 年	2019 年	2020 年	2021 年	2022 年
合计	1418	1676	1350	1369	1312	1446	1485	1918
一、按成果类型分								
应用技术成果	1257	1516	1228	1259	1140	1316	1413	1781
基础理论成果	95	108	44	32	23	109	27	63
软科学成果	66	52	78	78	149	21	45	74
二、按单位性质分								
科研机构	108	113	107	116	144	124	175	205
大专院校	175	137	48	49	26	8	27	10
企业	930	1197	1066	1011	938	1155	1166	1467
医疗机构	121	151	73	116	136	113	46	174
其他	84	78	56	77	68	46	71	62

续表

项目	2015 年	2016 年	2017 年	2018 年	2019 年	2020 年	2021 年	2022 年
三、按区县分								
渝中区	48	42	11	19	18	21	14	5
大渡口区	9	11	9	15	4		1	23
江北区	63	32	35	28	29	47	32	21
沙坪坝区	105	77	28	46	31	32	21	36
九龙坡区	121	133	94	65	69	91	156	192
南岸区	57	47	21	11	21	48	19	20
北碚区	46	58	9	6	16	14	35	59
渝北区	107	98	52	122	106	151	179	239
巴南区	10	6		8	13	47	91	205
涪陵区	76	68	117	110	108	103	5	
长寿区	40	50	55	83	82	135	48	136
江津区	7	9	3	29	81	143	83	42
合川区		35	12		1	3		10
永川区	27	24	31	29	4	1	1	3
南川区	19	23	4		9			36
綦江区（不含万盛）	199	241	159	38	71	12	72	87
万盛经开区	17	26	30	35	35	4		
潼南区	55	113	115	115	79	62	95	95
铜梁区			29	61	50	8	64	93
大足区	1			1	55	64	38	139
荣昌区	7	50	61	70	60	85	87	74
璧山区	165	223	260	243	216	197	194	169
万州区	36	43	1	4	2	7	62	63
梁平区	34	39	42	73	48	32	41	48
城口县	1					1		
丰都县	17	17	1	1		23	6	5
垫江县	62	90	81	41		29	53	
忠　县	21		21	25		28	42	59
开州区	19	14		4	8	16		
云阳县		1						
奉节县	8	16		7	29		28	11
巫山县	5	7	11	3				
巫溪县	31	44	39	45	44	25	16	
黔江区		13	1	22	12	6		38
武隆区	9				9	9	2	
石柱土家族自治县	9	1				2		
秀山土家族苗族自治县		2			2			
酉阳土家族苗族自治县	4	4	1					1
彭水苗族土家族自治县		19	17	10				9

8-17 科技奖励情况（2014—2022年）

单位：个

项目	2014年	2015年	2016年	2017年	2018年	2019年	2020年	2021年	2022年
国家科学技术奖励	10	13	6	5	6	12	9		
最高科学技术奖									
自然科学奖	1	1			1				
一等奖									
二等奖	1	1			1				
技术发明奖	1	2				2	3		
一等奖									
二等奖	1	2				2	3		
科技进步奖	8	10	6	5	5	10	6		
特等	1			1					
一等奖		2				3			
二等奖	7	8	6	4	5	7	6		
国际科学技术合作奖									
重庆市科学技术奖励	142	126	119	144	152	151	153	159	110
科技突出贡献奖				2		2		2	
自然科学奖	16	17	11	23	25	24	29	29	24
一等奖	3	3	1	4	5	8	7	6	7
二等奖	3	6	4	7	8	10	14	14	10
三等奖	10	8	6	12	12	6	8	9	7
技术发明奖	4	4	4	5	5	4	6	6	7
一等奖	1	1	1	1	1	2	2	3	3
二等奖	2	1	1	2	2	1	3	2	3
三等奖	1	2	2	2	2	1	1	1	1
科技进步奖	117	100	100	112	120	114	115	114	69
一等奖	14	13	15	16	18	20	23	23	15
二等奖	21	26	40	36	38	45	43	46	27
三等奖	82	61	45	60	64	49	49	45	27
企业技术创新奖	5	5	4	2	2	6	3	7	10
国际科技合作奖						1		1	

注：2021年和2022年国家科学技术奖未评比。

8-18 高新技术企业认定（2015—2022 年）

项目	2015 年	2016 年	2017 年	2018 年	2019 年	2020 年	2021 年	2022 年
当年新认定高新技术企业/家	420	762	832	893	1415	1916	1795	2717
累计认定高新技术企业/家	2707	3469	4301	5194	6609	8524	10318	13035
有效期内高新技术企业/家	947	1443	2012	2468	3141	4223	5109	6401

附录

1. 2022 年高新技术产业开发区名单（14 个）

序号	园区名称	级别
1	重庆高新区	国家级
2	璧山高新区	国家级
3	永川高新区	国家级
4	荣昌高新区	国家级
5	大足高新区	市级
6	铜梁高新区	市级
7	潼南高新区	市级
8	涪陵高新区	市级
9	合川高新区	市级
10	长寿高新区	市级
11	綦江高新区	市级
12	梁平高新区	市级
13	黔江高新区	市级
14	垫江高新区	市级

2. 2022 年重点实验室名单（221 个）

2022 年全国（国家）重点实验室（10 个）

序号	实验室名称	依托单位	所在区县
1	高端装备机械传动全国重点实验室	重庆大学	沙坪坝
2	创伤、烧伤与复合伤国家重点实验室	陆军军医大学	沙坪坝
3	输配电装备及系统安全与新技术国家重点实验室	重庆大学	沙坪坝
4	煤矿灾害动力学与控制国家重点实验室	重庆大学	沙坪坝
5	资源昆虫高效养殖与利用全国重点实验室	西南大学	北碚区
6	桥梁工程结构动力学国家重点实验室（企业）	招商局重庆交通科研设计院有限公司	南岸区
7	智能汽车安全技术全国重点实验室（企业）	中国汽车工程研究院股份有限公司、重庆长安汽车股份有限公司	两江新区
8	瓦斯灾害监控与应急技术国家重点实验室（企业）	中煤科工集团重庆研究院	九龙坡区
9	省部共建超声医学工程国家重点实验室	重庆医科大学	渝中区
10	省部共建山区桥梁及隧道工程国家重点实验室	重庆交通大学	南岸区

2022 年重庆市重点实验室（211 个）

序号	实验室名称	依托单位	所在区县
1	养猪科学重庆市重实验室	重庆市畜牧科学院	荣昌区
2	桑蚕学重庆市重点实验室	西南大学	北碚区
3	水产科学重庆市重点实验室	西南大学	北碚区
4	输变电安全科学与电工新技术重庆市重点实验室	重庆大学	沙坪坝区
5	三峡库区水环境安全与生态环境重庆市重点实验室	重庆大学	沙坪坝区
6	心血管病研究重庆市重点实验室	陆军军医大学	沙坪坝区
7	昆虫学及害虫控制工程重庆市重点实验室	西南大学	北碚区
8	车辆/生物碰撞安全重庆市重点实验室	陆军军医大学、中国汽车工程研究院	沙坪坝区
9	车辆排放与节能重庆市重点实验室	中国汽车工程研究院股份有限公司	渝北区
10	发光与实时分析系统重庆市重点实验室	西南大学	北碚区
11	感染病研究重庆市重点实验室	陆军军医大学、重庆医科大学	沙坪坝区
12	临床检验诊断学重庆市重点实验室	重庆医科大学	渝中区
13	柑桔学重庆市重点实验室	西南大学	北碚区
14	轻金属科学与技术重庆市重点实验室	重庆大学	沙坪坝区
15	疾病蛋白质组学重庆市重点实验室（已更名）创面修复与再生重庆市重点实验室	陆军军医大学	沙坪坝
16	出生缺陷与生殖健康重庆市重点实验室	重庆市人口和计划生育科学技术研究院	渝北区
17	山区道路结构与材料重庆市重点实验室	重庆交通大学	南岸区
18	信号与信息处理重庆市重点实验室	重庆邮电大学	南岸区
19	儿科学重庆市重点实验室	重庆医科大学	渝中区
20	神经生物学重庆市重点实验室	陆军军医大学、重庆医科大学	沙坪坝区
21	转基因植物与安全控制重庆市重点实验室	西南大学	北碚区
22	动物生物学重庆市重点实验室	重庆师范大学	沙坪坝区
23	现代物流重庆市重点实验室	重庆大学	沙坪坝区
24	电子商务及供应链系统重庆市重点实验室	重庆工商大学	南岸区
25	应急通信重庆市重点实验室	陆军工程大学通信士官学校、重庆市公安科学技术研究所	沙坪坝区
26	视觉损伤与再生修复重庆市重点实验室	陆军军医大学	沙坪坝区
27	脂糖代谢性疾病重庆市重点实验室	重庆医科大学	渝中区
28	认知发育与学习记忆障碍转化医学重庆市重点实验室	重庆医科大学	渝中区
29	山地城市交通畅通与安全重庆市重点实验室	重庆交通大学	南岸区
30	光电功能材料重庆市重点实验室	重庆师范大学	重庆高新区
31	软件理论与技术重庆市重点实验室	重庆大学	沙坪坝区
32	计算智能重庆市重点实验室	重庆邮电大学	南岸区
33	岩土力学与地质环境保护重庆市重点实验室	陆军勤务学院	沙坪坝区

续表

序号	实验室名称	依托单位	所在区县
34	营养与食品安全重庆市重点实验室	陆军军医大学	沙坪坝区
35	代谢性血管病重庆市重点实验室	陆军军医大学	渝中区
36	眼科学重庆市重点实验室	重庆医科大学、陆军军医大学	渝中区
37	中药资源学重庆市重点实验室	重庆中药研究院	南岸区
38	电动汽车重庆市重点实验室（企业）	重庆长安汽车股份有限公司	江北区
39	工业自动化测控仪表技术重庆市重点实验室（企业）	重庆川仪自动化股份有限公司	北碚区
40	燃煤烟气排放控制重庆市重点实验室（企业）	国家电投集团远达环保股份有限公司	渝北区
41	电磁与可听噪声环境影响重庆市重点实验室（企业、已更名）高电压技术与电磁环境影响重庆市重点实验室	国网重庆市电力公司电力科学研究院	两江新区
42	洁净能源材料与技术重庆市重点实验室	西南大学	北碚区
43	非均质材料力学重庆市重点实验室	重庆大学	沙坪坝区
44	土壤多尺度界面过程与调控重庆市重点实验室	西南大学	北碚区
45	复杂油气田勘探开发重庆市重点实验室	重庆科技学院	沙坪坝区
46	催化与功能有机分子重庆市重点实验室	重庆工商大学	南岸区
47	特色生物资源研究与利用川渝共建重点实验室	重庆市南川生物技术研究院、四川大学、重庆市药物种植研究所	南川区
48	呼吸疾病重庆市重点实验室	陆军军医大学	沙坪坝区
49	细胞组学重庆市重点实验室	陆军军医大学	沙坪坝区
50	口腔疾病与生物医学重庆市重点实验室	重庆医科大学	渝北区
51	药物缓控释制剂重庆市重点实验室（企业）	西南药业股份有限公司	沙坪坝区
52	三峡库区森林生态保护与恢复重庆市重点实验室	重庆市林业科学研究院	沙坪坝区
53	逆境农业研究重庆市重点实验室	重庆市农业科学院	九龙坡区
54	火灾与爆炸安全防护重庆市重点实验室	陆军勤务学院	沙坪坝区
55	洁净能源与特色资源高效利用化工过程重庆市重点实验室	重庆大学	沙坪坝区
56	环境材料与修复技术重庆市重点实验室	重庆文理学院	永川区
57	数控制齿机床重庆市重点实验室（企业）	重庆机床（集团）有限责任公司	南岸区
58	无机特种功能材料重庆市重点实验室	长江师范学院	涪陵区
59	高性能航空铝合金材料重庆市重点实验室（企业）	西南铝业（集团）有限责任公司	九龙坡区
60	数字影视艺术理论与技术重庆市重点实验室	重庆大学	沙坪坝区
61	光电信息感测与传输技术重点实验室	重庆邮电大学	南岸区
62	城市大气环境综合观测与污染防控重庆市重点实验室	重庆市生态环境科学研究院	渝北区
63	有机污染物环境化学行为与生态毒理重庆市重点实验室	重庆市生态环境科学研究院	渝北区
64	分析数学与应用重庆市重点实验室	重庆大学	沙坪坝区
65	病理学重庆市重点实验室	陆军军医大学	沙坪坝区
66	超声分子影像重庆市重点实验室	重庆医科大学	渝中区

序号	实验室名称	依托单位	所在区县
67	能源生物资源开发重庆市重点实验室	西南大学	北碚区
68	植物环境适应分子生物学重庆市重点实验室	重庆师范大学	沙坪坝区
69	制造装备机构设计与控制重庆市重点实验室	重庆工商大学	南岸区
70	时栅传感及先进检测技术重庆市重点实验室	重庆理工大学	巴南区
71	智能电网二次设备重庆市企业重点实验室(企业)	国网重庆市电力公司电力科学研究院	两江新区
72	纳微复合材料与器件重庆市重点实验室	重庆科技学院	重庆高新区
73	高性能耐腐蚀合金重庆市重点实验室(企业)	重庆材料研究院有限公司	北碚区
74	环境效应与防护重庆市重点实验室(企业)	中国兵器工业第五九研究所	九龙坡区
75	跨尺度制造技术重庆市重点实验室	中科院重庆绿色智能技术研究院	北碚区
76	移动通信技术重庆市重点实验室	重庆邮电大学	南岸区
77	非线性电路与智能信息处理重庆市重点实验室	西南大学	北碚区
78	外生成矿与矿山环境重庆市重点实验室	重庆地质矿产研究院	渝北区
79	药物化学与分子药理学重庆市重点实验室	重庆理工大学	巴南区
80	高血压病研究重庆市重点实验室	陆军军医大学	渝中区
81	肿瘤免疫治疗重庆市重点实验室	陆军军医大学	沙坪坝区
82	分子肿瘤及表现遗传学重庆市重点实验室	重庆医科大学	渝中区
83	儿童感染免疫重庆市重点实验室	重庆医科大学	渝中区
84	肿瘤转移与个体化诊治转化研究重庆市重点实验室	重庆市肿瘤研究所	沙坪坝区
85	激酶类创新药物重庆市重点实验室	重庆文理学院	永川区
86	绿色合成与应用重庆市重点实验室	重庆师范大学	沙坪坝区
87	武陵山区特色植物资源保护与利用重庆市重点实验室	长江师范学院	涪陵区
88	工业发酵微生物重庆市重点实验室	重庆科技学院	重庆高新区
89	丘陵山区农业装备重庆市重点实验室	西南大学	北碚区
90	光纤传感与光电检测重庆市重点实验室	重庆理工大学	巴南区
91	新能源客车动力系统重庆市重点实验室	重庆恒通电动客车动力系统有限公司	璧山区
92	金属增材制造(3D打印)重庆市重点实验室	重庆大学	沙坪坝区
93	智能增材制造技术与系统重庆市重点实验室	中国科学院重庆绿色智能技术研究院	两江新区
94	自动推理与认知重庆市重点实验室	中科院重庆绿色智能技术研究院	北碚区
95	生物感知与智能信息处理重庆市重点实验室	重庆大学	沙坪坝区
96	三峡库区地表过程与环境遥感重庆市重点实验室	重庆师范大学	沙坪坝区
97	生活垃圾处理技术重庆市重点实验室(企业)	重庆三峰环境产业集团有限公司	大渡口区
98	有机酸盐分离重庆市重点实验室	重庆紫光化工股份有限公司	渝北区
99	天然产物全合成与创新药物研究重庆市重点实验室	重庆大学	重庆高新区
100	太赫兹生物医学重庆市重点实验室	陆军军医大学	沙坪坝区
101	中医药防治代谢性疾病重庆市重点实验室	重庆医科大学	渝中区

序号	实验室名称	依托单位	所在区县
102	岩溶环境重庆市重点实验室	西南大学	北碚区
103	经济植物生物技术重庆市重点实验室	重庆文理学院	永川区
104	三峡库区药用资源重庆市重点实验室	重庆第二师范学院	南岸区
105	杂交水稻育种重庆市重点实验室	重庆中一种业有限公司	南岸区
106	烟叶资源科学利用重庆市重点实验室	重庆中烟工业有限责任公司	南岸区
107	城市轨道交通车辆系统集成与控制重庆市重点实验室	重庆交通大学	南岸区
108	智能物流网络重庆市重点实验室	重庆交通大学	南岸区
109	大功率柴油机燃油喷射系统重庆市重点实验室	重庆红江机械有限责任公司	永川区
110	中央空调离心式压缩机重庆市重点实验室	重庆美的通用制冷设备有限公司	南岸区
111	大数据与智能计算重庆市重点实验室	中科院重庆绿色智能技术研究院	北碚区
112	空气洁净技术与装备重庆市重点实验室	重庆再升科技股份有限公司	渝北区
113	经济社会应用统计重庆市重点实验室	重庆工商大学	南岸区
114	材料基因组工程重庆市重点实验室	重庆大学	沙坪坝区
115	造血微环境与白血病重庆市重点实验室	陆军军医大学	沙坪坝区
116	脑血管病研究重庆市重点实验室	重庆医科大学	永川区
117	精准神经医学与神经再生修复重庆市重点实验室	陆军军医大学	沙坪坝区
118	中医药防治自身免疫疾病重庆市重点实验室	重庆市中医院（重庆市中医研究院）	江北区
119	母胎医学重庆市重点实验室	重庆医科大学	渝中区
120	药物代谢研究重庆市重点实验室	重庆医科大学	渝中区
121	媒介昆虫重庆市重点实验室	重庆师范大学	沙坪坝区
122	长江上游湿地科学研究重庆市重点实验室	重庆师范大学	沙坪坝区
123	三峡库区水环境演变与污染防治重庆市重点实验室	重庆三峡学院	万州区
124	能源工程力学与防灾减灾重庆市重点实验室	重庆科技学院	沙坪坝区
125	薯类生物学与遗传育种重庆市重点实验室	西南大学	北碚区
126	土肥资源高效利用重庆市重点实验室	西南大学	北碚区
127	大数据生物智能重庆市重点实验室	重庆邮电大学	南岸区
128	农业废弃物资源化利用技术与设备研发重庆市重点实验室	重庆市农业科学院	重庆高新区
129	人工智能与服务机器人控制技术重庆市重点实验室	中国科学院重庆绿色智能技术研究院	两江新区
130	智慧无人系统重庆市重点实验室	重庆大学	沙坪坝区
131	山区道路复杂环境"人-车-路"协同与安全重庆市重点实验室	重庆交通大学	南岸区
132	钒钛冶金及新材料重庆市重点实验室	重庆大学	沙坪坝区
133	软凝聚态物理及智能材料研究重庆市重点实验室	重庆大学	沙坪坝区
134	金属材料先进成型技术重庆市重点实验室	重庆市科学技术研究院	渝北区
135	类脑计算与智能控制重庆市重点实验室	西南大学	北碚区

序号	实验室名称	依托单位	所在区县
136	复杂系统与仿生控制重庆市重点实验室	重庆邮电大学	南岸区
137	运筹学与系统工程重庆市重点实验室	重庆师范大学	重庆高新区
138	慢性肾脏病防治重庆市重点实验室	陆军军医大学	沙坪坝区
139	肝胆胰外科疾病重庆市重点实验室	陆军军医大学	沙坪坝区
140	衰老与脑疾病重庆市重点实验室	陆军军医大学	渝中区
141	肿瘤免疫基础与转化研究重庆市重点实验室	重庆医科大学	渝中区
142	儿童营养与健康重庆市重点实验室	重庆医科大学	渝中区
143	中药健康学重庆市重点实验室	重庆市中药研究院	南岸区
144	人类胚胎工程重庆市重点实验室	重庆市妇幼保健院	渝北区
145	中西医结合诊治皮肤病重庆市重点实验室	重庆市中医院(重庆市中医研究院)	渝中区
146	神经变性病重庆市重点实验室	重庆市人民医院(中山院区)	渝中区
147	植物激素与发育调控重庆市重点实验室	重庆大学	沙坪坝区
148	微孢子虫感染与防控重庆市重点实验室	西南大学	北碚区
149	资源植物保护与种质创新重庆市重点实验室	西南大学	北碚区
150	犯罪现场法医物证技术重庆市重点实验室	重庆市公安局	北碚区
151	工程结构抗震防灾重庆市重点实验室	重庆大学	沙坪坝区
152	桥梁结构智能感知与控制重庆市重点实验室	重庆交通大学	南岸区
153	生态航道重庆市重点实验室	重庆交通大学	南岸区
154	微纳系统与智能传感重庆市重点实验室	重庆工商大学	南岸区
155	稠油开采重庆市重点实验室	重庆科技学院	沙坪坝区
156	智能电子电器可靠性技术重庆市重点实验室	重庆赛宝工业技术研究院	重庆高新区
157	航空活塞发动机重庆市重点实验室	重庆宗申创新技术研究院有限公司	巴南区
158	材料表界面科学重庆市重点实验室	重庆文理学院	永川区
159	绿色能源材料技术与系统重庆市重点实验室	重庆理工大学	巴南区
160	空天地网络互联与信息融合重庆市重点实验室	重庆大学	沙坪坝区
161	图像认知重庆市重点实验室	重庆邮电大学	南岸区
162	网络空间与信息安全重庆市重点实验室	重庆邮电大学	南岸区
163	泛在感知与互联重庆市重点实验室	重庆邮电大学	南岸区
164	三峡库区地质环境监测与灾害预警重庆市重点实验室	重庆三峡学院	万州区
165	能源互联网先进计量与检测技术重庆市重点实验室	国网重庆市电力公司电力科学研究院	两江新区
166	量子通信核心光电器件重庆市重点实验室	中电科技集团重庆声光电有限公司	沙坪坝区
167	生态环境空间信息数据挖掘与大数据集成重庆市重点实验室	重庆工商大学融智学院	巴南区
168	理论与计算化学重庆市重点实验室	重庆大学	重庆高新区
169	软物质材料化学与功能制造重庆市重点实验室	西南大学	北碚区
170	毒物毒品分析重庆市重点实验室	重庆警察学院	沙坪坝区

序号	实验室名称	依托单位	所在区县
171	智慧金融与大数据分析重庆市重点实验室	重庆师范大学	重庆高新区
172	复杂数据分析与人工智能重庆市重点实验室	重庆文理学院	永川区
173	关节外科精准医学重庆市重点实验室	中国人民解放军陆军军医大学、重庆大学、重庆英泰帝克科技有限公司	沙坪坝区
174	消化系统肿瘤精准防治重庆市重点实验室	中国人民解放军陆军军医大学	沙坪坝区
175	法医学重庆市重点实验室	重庆医科大学	渝中区
176	重大神经精神疾病重庆市重点实验室	重庆医科大学	渝中区
177	毒性中药给药系统重庆市重点实验室	重庆医药高等专科学校	沙坪坝区
178	乳腺癌智能诊疗重庆市重点实验室	重庆市肿瘤研究所、重庆大学	沙坪坝区
179	职业病防治与中毒救治重庆市重点实验室	重庆市职业病防治院、南京医科大学公共卫生学院	南岸区
180	肝胆胰疾病智慧诊疗工程重庆市重点实验室	重庆市人民医院、中国科学院大学重庆学院	渝北区
181	急诊医学重庆市重点实验室	重庆市急救医疗中心（重庆大学附属中心医院）	渝中区
182	高致病性病原微生物重庆市重点实验室	重庆市疾病预防控制中心、重庆医科大学、重庆医药高等专科学校	渝中区
183	基因与细胞治疗重庆市重点实验室	重庆精准生物技术有限公司、重庆精准生物产业技术研究院有限公司	九龙坡区
184	血液净化技术重庆市重点实验室	重庆山外山血液净化技术股份有限公司	两江新区
185	草食动物科学重庆市重点实验室	西南大学	北碚区
186	风工程及风资源利用重庆市重点实验室	重庆大学	沙坪坝区
187	公共交通装备设计与系统集成重庆市重点实验室	重庆交通大学	南岸区
188	油气生产安全与风险控制重庆市重点实验室	重庆科技学院	重庆高新区
189	绿色航空能源动力重庆市重点实验室	重庆交通大学绿色航空技术研究院、重庆交通大学、重庆恩斯特龙通用航空技术研究院有限公司	两江新区
190	冶金智能装备重庆市重点实验室	中冶赛迪技术研究中心有限公司、中冶赛迪装备有限公司	渝北区
191	汽车智能仿真重庆市重点实验室	重庆长安汽车股份有限公司	江北区
192	节能与新能源变速器重庆市重点实验室	重庆青山工业有限责任公司、重庆理工大学	璧山区
193	微发光二极管显示技术重庆市重点实验室	重庆康佳光电技术研究院有限公司	璧山区
194	先进模具智能制造重庆市重点实验室	重庆大学、重庆杰品科技股份有限公司、重庆大江杰信锻造有限公司	沙坪坝区
195	微纳结构光电子学重庆市重点实验室	西南大学	北碚区
196	自主导航与微系统重庆市重点实验室	重庆邮电大学	南岸区
197	智能感知与区块链技术重庆市重点实验室	重庆工商大学	南岸区
198	新体制民用雷达重庆市重点实验室	北京理工大学重庆创新中心	渝北区
199	精密光学重庆市重点实验室	华东师范大学重庆研究院	两江新区
200	硅基光电子重庆市重点实验室	联合微电子中心有限责任公司	重庆高新区

续表

序号	实验室名称	依托单位	所在区县
201	复杂环境通信重庆市重点实验室	重庆金美通信有限责任公司、重庆邮电大学、重庆大学	重庆高新区
202	强耦合体系微观物理重庆市重点实验室	重庆大学	沙坪坝区
203	川渝共建特色食品重庆市重点实验室	西南大学、西华大学	北碚区
204	川渝共建中国酱腌菜科技创新重庆市重点实验室	重庆市渝东南农业科学院、四川省食品发酵工业研究设计院	涪陵区
205	川渝共建乡土植物种质创新与利用重庆市重点实验室	重庆市风景园林科学研究院、成都市植物园（成都市公209园城市植物科学研究院）	重庆高新区
206	川渝共建古生物与古环境协同演化重庆市重点实验室	重庆市地质矿产勘查开发局208水文地质工程地质队（重庆市地质灾害防治工程勘查设计院）、自贡恐龙博物馆、四川省地质矿产勘查开发局区域地质调查队	北碚区
207	川渝共建感染性疾病中西医结合诊治重庆市重点实验室	重庆市中医院、成都中医药大学	江北区/温江区
208	三峡库区道地药材开发利用重庆市重点实验室（区域）	重庆三峡医药高等专科学校、重庆市万州食品药品检验所、重庆海吉亚肿瘤医院	万州区
209	原料药质量控制与安全评价重庆市重点实验室（区域）	重庆市涪陵食品药品检验所、重庆医科大学药学院、福安药业集团重庆礼邦药物开发有限公司	涪陵区
210	公共大数据安全技术重庆市重点实验室（区域）	重庆市綦江区数据资源管理和应用推广中心	綦江
211	工业软件云创实验室	中冶赛迪信息技术（重庆）有限公司	渝北区

3. 2022年高端新型研发机构名单（79家）

高端新型研发机构（本地培育43家）

序号	单位名称	技术领域	地区
1	中石化重庆页岩气产业技术研究院	能源资源	涪陵区
2	中船重工（重庆）西南装备研究院有限公司	装备制造	渝北区（两江新区）
3	重庆鲁班机器人技术研究院有限公司	装备制造	北碚区（两江新区）
4	重庆汽车智能制造与检测产业技术研究院	装备制造	九龙坡区
5	重庆固高科技长江研究院有限公司	装备制造	永川区
6	重庆石墨烯研究院有限公司	新材料	重庆高新区（九龙坡区）
7	北斗民用战略新兴产业（重庆）研究院有限公司	电子信息	重庆高新区（沙坪坝区）
8	重庆恩斯特龙通用航空技术研究院有限公司	装备制造	两江新区（渝北区）
9	重庆浪尖智能科技研究院有限公司	电子信息	沙坪坝区
10	重庆光电信息研究院有限公司	电子信息	渝北区
11	重庆纤维研究设计院股份有限公司	新材料	渝北区
12	重庆精准生物产业技术研究院有限公司	生物医药	九龙坡区

续表

序号	单位名称	技术领域	地区
13	重庆平伟伏特集成电路封测应用产业研究院有限公司	电子信息	梁平区
14	重庆金山医疗技术研究院有限公司	生物医疗	渝北区
15	恒睿（重庆）人工智能技术研究院有限公司	电子信息	两江新区（渝北区）
16	重庆工港致慧增材制造技术研究院有限公司	装备制造	南岸区
17	重庆宗申创新技术研究院有限公司	装备制造	巴南区
18	重庆重大产业技术研究院有限公司	装备制造	重庆高新区（九龙坡区）
19	星际（重庆）智能装备技术研究院有限公司	装备制造	沙坪坝区
20	重庆西南铝合金加工研究院有限公司	新材料	重庆高新区（九龙坡区）
21	重庆华悦生态环境工程研究院有限公司	环境保护	两江新区（北碚区）
22	重庆重邮汇测电子技术研究院有限公司	电子信息	两江新区（渝北区）
23	重庆浦洛通基因医学研究院有限公司	生物医药	北碚区
24	重庆元韩汽车技术设计研究院有限公司	装备制造	渝北区
25	重庆小康动力有限公司（车用先进动力域联合研发中心）	智能制造	长寿区
26	中冶赛迪技术研究中心有限公司	智能制造	两江新区（渝北区）
27	福安药业集团重庆礼邦药物开发有限公司（福安药业集团礼邦药物研究院）	大健康产业	两江新区（渝北区）
28	斯威重庆汽车研发中心有限公司	智能制造	涪陵区
29	重庆海润节能研究院	环保产业	两江新区（渝北区）
30	重庆吉芯科技有限公司	集成电路	沙坪坝区
31	重庆万泰电力科技有限公司（重庆黄葛树智能传感器研究院有限公司）	集成电路	璧山区
32	重庆精准医疗产业技术研究院有限公司	大健康产业	大渡口区
33	西南大学（重庆）产业技术研究院	成果转化	北碚区
34	重庆现代建筑产业发展研究院	建筑产业	渝北区
35	重庆医科大学国际体外诊断研究院	生物医药	重庆高新区（沙坪坝区）
36	重庆市綦齿齿轮研究院有限公司	装备制造	綦江区
37	重庆国际免疫研究院	生物医药	巴南区
38	重庆邮电大学工业互联网研究院	智能制造	渝北区
39	重庆艾生斯生物工程有限公司（中元汇吉体外诊断研发中心）	生物医药	大渡口区
40	重庆交通大学绿色航空技术研究院	航空航天	两江新区（渝北区）
41	重庆金康赛力斯新能源汽车设计院有限公司	智能制造	两江新区（渝北区）
42	天圣制药集团重庆药物研究院有限公司	生物医药	渝北区
43	重庆先进光电显示技术研究院	电子信息	巴南区

高端新型研发机构（引进 36 家）

序号	单位名称	技术领域	地区
1	北京理工大学重庆创新中心	装备制造	两江新区
2	重庆智能机器人研究院	装备制造	两江新区
3	华东师范大学重庆研究院	新材料	两江新区
4	重庆鲁汶智慧城市与可持续发展研究院	交通城建	两江新区
5	上海交通大学重庆研究院	智能制造	两江新区
6	重庆同济研究院有限公司	新材料	两江新区
7	新加坡国立大学重庆研究院	新材料	两江新区
8	电子科技大学重庆微电子产业技术研究院	电子信息	重庆高新区
9	重庆地大工业技术研究院有限公司	节能环保	南岸区
10	武汉理工大学重庆研究院	新材料	两江新区
11	西北工业大学重庆科创中心	智能制造	两江新区
12	吉林大学重庆研究院	新材料	两江新区
13	长春理工大学重庆研究院	新材料	两江新区
14	西安电子科技大学重庆集成电路创新研究院	电子信息	重庆高新区
15	湖南大学重庆研究院	装备制造	两江新区
16	中国兵器科学研究院西南分院	装备制造	九龙坡区
17	中科计算技术西部研究院	电子信息	两江新区
18	中科广能能源研究院（重庆）有限公司	节能环保	沙坪坝区
19	中国科学院大学重庆转化医学研究院	医疗样本	重庆高新区
20	中国工业互联网研究院重庆分院	电子信息	北碚区
21	联合微电子中心有限责任公司	新材料	重庆高新区
22	英特尔 FPGA 中国创新中心	电子信息	重庆高新区
23	重庆工业大数据创新中心有限公司	大数据	北碚区
24	中科院广州化学西部研究院	新材料	两江新区
25	重庆诺奖二维材料研究院有限公司	新材料	两江新区
26	北京大学重庆大数据研究院	大数据	重庆高新区
27	健康医疗大数据西部研究院	电子信息	重庆高新区
28	西南检验检疫科学研究院	检验检疫	重庆高新区
29	重庆康佳光电技术研究院有限公司	装备制造	璧山区
30	重庆中国药科大学创新研究院	医药制备	两江新区
31	北京工业大学重庆研究院	装备制造	两江新区
32	哈尔滨工业大学重庆研究院	新材料	两江新区
33	航天新通科技有限公司	装备制造	重庆高新区
34	重庆中科汽车软件创新中心	电子信息	沙坪坝区
35	南京大学重庆创新研究院	新材料	渝北区
36	西部科学城智能网联汽车创新中心（重庆）有限公司	电子信息	九龙坡区

4. 2022 年重庆市科普基地名单（284 家）

序号	所在区县	科普基地名称	依托机构	基地类型
1	渝中区	重庆中国三峡博物馆	重庆中国三峡博物馆	场馆类
2	渝中区	重庆市人民防空宣传教育中心	重庆市民防办公室	场馆类
3	渝中区	重庆市少年宫	重庆市少年宫	场馆类
4	渝中区	重庆红岩革命历史博物馆	重庆红岩联线文化发展管理中心	场馆类
5	渝中区	重庆市少年儿童图书馆	重庆市少年儿童图书馆	场馆类
6	渝中区	重庆电视台科教频道	重庆广电纪实传媒类有限责任公司	传媒类
7	渝中区	渝中区中小学劳动技术教育基地	重庆市渝中区中小学劳动技术教育基地	教育培训类
8	渝中区	量子猫科学馆	重庆量子猫教育科技有限公司/重庆量子时空教育科技有限公司	场馆类
9	渝中区	重庆欢乐海底世界	重庆欢乐海底世界旅游发展有限公司	场馆类
10	渝中区	重庆市急救医疗中心	重庆市急救医疗中心	教育培训类
11	渝中区	重庆医科大学附属第二医院老年慢病科普基地	重庆医科大学附属第二医院	教育培训类
12	渝中区	云威 VR 未来科技主题馆	重庆云威科技有限公司	场馆类
13	渝中区	中国人民解放军陆军特色医学中心急救技能培训基地	中国人民解放军陆军特色医学中心	教育培训类
14	渝中区	重庆自然介科普基地	重庆市渝中区自然介公益发展中心	教育培训类
15	渝中区	重庆医科大学附属第一医院慢病及康复促进科普基地	重庆医科大学附属第一医院	教育培训类
16	渝中区	重庆市风景园林技工学校	重庆市风景园林技工学校	教育培训类
17	渝中区	云日人工智能科普基地	重庆云日创心教育科技有限公司	教育培训类
18	渝中区	重庆巴渝民间中医药博物馆	重庆巴渝民间中医药博物馆	场馆类
19	渝中区	《重庆科技报》社科普基地	《重庆科技报》社有限公司	传媒类
20	渝中区	重庆湖广会馆	重庆渝中母城文化发展有限公司	旅游景区类
21	大渡口区	重庆市大渡口区博物馆	重庆市大渡口区博物馆	场馆类
22	大渡口区	重庆工业博物馆	重庆工业博物馆置业有限公司	场馆类
23	江北区	重庆科技馆	重庆科技馆	场馆类
24	江北区	重庆市心理卫生科普基地	重庆市精神卫生中心	教育培训类
25	江北区	重庆市进出境动植物检疫及物种资源保护体验中心	重庆海关技术中心	教育培训类
26	江北区	重庆市中医院	重庆市中医院	教育培训类
27	江北区	重庆市江北区华新实验小学校	重庆市江北区华新实验小学校	教育培训类
28	江北区	少年先锋报青少年科普基地	少年先锋报社	传媒类
29	江北区	重庆市人口和计划生育科学技术研究院	重庆市人口和计划生育科学技术研究院	教育培训类
30	江北区	重庆市口腔健康科普基地	重庆登康口腔护理用品股份有限公司	场馆类
31	江北区	国家技术标准创新基地（重庆）	重庆市质量和标准化研究院	场馆类
32	江北区	重庆爱尔眼健康科普基地	重庆爱尔眼科医院/重庆爱尔麦格眼医院/重庆爱尔儿童眼科医院	教育培训类
33	江北区	重庆多米拉机器人科普基地	重庆多米拉教育科技有限公司	教育培训类

续表

序号	所在区县	科普基地名称	依托机构	基地类型
34	江北区	重庆绿色星球科普乐园	重庆蔚蓝动物园管理有限公司	场馆类
35	江北区	重庆梦之晨机器人科普基地	重庆梦之晨科技发展有限公司	教育培训类
36	江北区	重庆市专利导航研究和推广中心	重庆市知识产权保护中心	教育培训类
37	沙坪坝区	陆军军医大学营养与食品安全研究中心	中国人民解放军陆军军医大学	教育培训类
38	沙坪坝区	五云山寨学生素质教育基地	五云山寨学生素质教育基地	教育培训类
39	沙坪坝区	重庆大学建筑教育科普基地	重庆大学	教育培训类
40	沙坪坝区	重庆图书馆	重庆图书馆	场馆类
41	沙坪坝区	重庆药品安全科普中心	重庆医药高等专科学校	场馆类
42	沙坪坝区	重庆大学美视电影学院	重庆大学	教育培训类
43	沙坪坝区	重庆市肿瘤医院	重庆大学附属肿瘤医院	教育培训类
44	沙坪坝区	重庆市南开中学校科学馆	重庆市南开中学校	场馆类
45	沙坪坝区	玩大了成长营地	重庆拓越文化传播有限公司	教育培训类
46	沙坪坝区	七彩祥耘开心农场	重庆海集农业开发有限公司	教育培训类
47	沙坪坝区	西南医院健康管理中心	陆军军医大学第一附属医院	教育培训类
48	沙坪坝区	重庆电子工程职业学院	重庆电子工程职业学院	研发创作类
49	沙坪坝区	新桥医院慢性病防治科普基地	中国人民解放军陆军军医大学第二附属医院	教育培训类
50	沙坪坝区	西南医院口腔健康科普基地	中国人民解放军陆军军医大学第一附属医院	教育培训类
51	沙坪坝区	重庆建筑科技职业学院	重庆建筑科技职业学院	研发创作类
52	沙坪坝区	重庆商务职业学院烹饪技术科普基地	重庆商务职业学院	教育培训类
53	沙坪坝区	崔博士科学实验室	重庆道善生物科技有限公司	教育培训类
54	沙坪坝区	陆军军医大学健康教育科普基地	中国人民解放军陆军军医大学军事预防医学系	教育培训类
55	沙坪坝区	重庆市林业科学研究院	重庆市林业科学研究院	教育培训类
56	沙坪坝区	重庆医药高等专科学校急救培训基地	重庆医药高等专科学校	教育培训类
57	沙坪坝区	西南医院骨关节与运动伤病科普基地	陆军军医大学第一附属医院	教育培训类
58	沙坪坝区	重庆环帝国防教育科普基地	重庆环帝教育咨询有限责任公司	教育培训类
59	沙坪坝区	重庆市公共卫生医疗救治中心	重庆市公共卫生医疗救治中心	教育培训类
60	沙坪坝区	沙坪坝区气象科普基地	重庆市沙坪坝区气象局	场馆类
61	沙坪坝区	重庆市南渝中学校	重庆市南渝中学校	教育培训类
62	沙坪坝区	西南医院病理学科普中心	陆军军医大学第一附属医院	教育培训
63	九龙坡区	重庆动物园	重庆市动物园管理处	旅游景区类
64	九龙坡区	重庆巴人博物馆	重庆巴人博物馆	场馆类
65	九龙坡区	重庆市社区科普培训中心	重庆开放大学	教育培训类
66	九龙坡区	重庆周君记火锅食品工业体验园	重庆周君记火锅食品有限公司	旅游景区类
67	九龙坡区	无偿献血健康教育馆	重庆市血液中心	场馆类

续表

序号	所在区县	科普基地名称	依托机构	基地类型
68	九龙坡区	九龙坡区科普创作与传播基地	重庆市九龙坡区科普创作与传播学会	创作研发类
69	南岸区	重庆市规划展览馆	重庆市规划展览馆	场馆类
70	南岸区	重庆市南山植物园	重庆市南山植物园管理处	旅游景区类
71	南岸区	重庆市南岸区珊瑚实验小学	重庆市南岸区珊瑚实验小学校	教育培训类
72	南岸区	重庆市中药博物馆	重庆市中药研究院	场馆类
73	南岸区	重庆市南岸区天台岗小学	重庆市南岸区天台岗小学校	教育培训类
74	南岸区	天才梦工厂	重庆乐其教育投资有限公司	教育培训类
75	南岸区	重庆邮电大学知识产权中心	重庆邮电大学	教育培训类
76	南岸区	重庆市国防教育馆	重庆警备区	场馆类
77	南岸区	重庆邮电大学物联网互动体验馆	重庆邮电大学	场馆类
78	南岸区	重庆邮电大学智能多媒体互动体验中心	重庆邮电大学	研发创作类
79	南岸区	3D智汇科普体验中心	重庆工港致慧增材制造技术研究院有限公司	场馆类
80	南岸区	重庆交通大学桥梁艺术体验馆	重庆交通大学	场馆类
81	南岸区	重庆声光电智联科普基地	重庆声光电智联电子有限公司	研发创作类
82	南岸区	绿娃娃动漫文创科普基地	万物有灵（重庆）文化创意有限公司	研发创作类
83	南岸区	重庆伯侨重金属检测科普基地	伯侨（重庆）重金属科学技术研究院有限公司	创作研发类
84	北碚区	西南大学天文地质馆	西南大学	场馆类
85	北碚区	重庆自然博物馆	重庆自然博物馆	场馆类
86	北碚区	嘉陵江名优鱼类研发科普基地	嘉陵江名优鱼类研发中心	研发创作类
87	北碚区	重庆缙云山国家级自然保护区	重庆缙云山国家级自然保护区管理局	旅游景区类
88	北碚区	重庆市蚕业科博园	重庆市蚕业科学技术研究员	场馆类
89	北碚区	重庆师范大学初等教育学院	重庆师范大学初等教育学院	教育培训类
90	北碚区	重庆市北碚区博物馆	重庆市北碚区博物馆	场馆类
91	北碚区	西南大学科学教育研究中心	西南大学	研发创作类
92	北碚区	重庆市地勘局208地质队地学科普中心	重庆市地质矿产勘查开发局208水文地质工程地质队（重庆市地质灾害防治工程勘察设计院）	研发创作类
93	北碚区	北碚青少年科普实践基地	重庆寰煜农业发展有限公司	教育培训类
94	北碚区	萝卜村机器人教育体验中心	爱萝卜（重庆）教育科技有限公司	教育培训类
95	北碚区	重庆腊梅产品研发体验中心	重庆菩璞生物科技有限公司	研发创作类
96	北碚区	北碚区大磨滩小学气象科普实践基地	重庆市北碚区大磨滩小学	教育培训类
97	北碚区	重庆青年职业技术学院公共卫生安全科普基地	重庆青年职业技术学院	教育培训类
98	北碚区	北碚区工业互联网科普基地	重庆市蔡家组团建设开发有限公司	场馆类
99	北碚区	西南大学科普空间站	西南大学物理科学与技术学院	教育培训类
100	渝北区	重庆市气象科普馆	重庆市气象学会	场馆类

序号	所在区县	科普基地名称	依托机构	基地类型
101	渝北区	重庆市建筑节能科普基地	重庆市绿色建筑与建筑产业化协会	教育培训类
102	渝北区	重庆市低碳建筑科普体验中心	重庆中瑞鑫安实业有限公司	场馆类
103	渝北区	渝北区统景地质科普研学实践基地	重庆统景旅游开发有限公司	旅游景区类
104	渝北区	重庆仙桃数据谷	重庆仙桃数据谷投资管理有限公司	场馆类
105	渝北区	重庆市测绘地理信息科普基地	重庆市勘测院	研发创作类
106	渝北区	重庆市卫生健康统计信息中心	重庆市卫生健康统计信息中心	传媒类
107	渝北区	西南政法大学媒介素养科普基地	西南政法大学	传媒类
108	渝北区	重庆星辉视光近视防控科普基地	重庆星辉视光眼科门诊部有限责任公司	场馆类
109	渝北区	重庆市进出境卫生检疫体验中心	重庆国际旅行卫生保健中心（重庆海关口岸门诊部）	教育培训类
110	渝北区	探程场景化科普研发基地	重庆探程数字科技有限公司	研发创作类
111	渝北区	重庆再升空气净化科普基地	重庆再升科技股份有限公司	场馆类
112	渝北区	重庆市妇幼保健院	重庆市妇幼保健院	教育培训类
113	渝北区	重庆地质矿产研究院	重庆地质矿产研究院	创作研发类
114	渝北区	重庆工业职业技术学院	重庆工业职业技术学院	场馆类
115	巴南区	重庆市实验中学科技馆	重庆市实验中学	场馆类
116	巴南区	重庆光大（集团）有限公司光大奶牛科技馆	重庆光大（集团）有限公司	场馆类
117	巴南区	重庆理工大学物理演示与探索实验室	重庆理工大学	场馆类
118	巴南区	南泉地震科普中心	重庆市地震台	场馆类
119	巴南区	中华文化动漫研发传播中心	重庆工程学院	研发创作类
120	巴南区	重庆汽车科技博物馆	重庆理工大学	场馆类
121	巴南区	云教育展示体验馆	重庆云教育文化产业投资开发有限公司	场馆类
122	巴南区	重庆汉海海洋公园	南京海底世界有限公司	场馆类
123	巴南区	重庆三峰环保科普基地	重庆丰盛三峰环保发电有限公司	场馆类
124	巴南区	重庆财经学院人工智能科普中心	重庆财经学院	场馆类
125	巴南区	重庆市巴南区第二人民医院	重庆市巴南区第二人民医院	教育培训类
126	巴南区	重庆昊宇通用航空科普基地	重庆昊宇通用航空有限公司	教育培训类
127	两江新区	课堂内外杂志社	重庆课堂内外杂志有限责任公司	传媒类
128	两江新区	重庆莱谷科技有限公司	重庆莱谷科技有限公司	研发创作类
129	两江新区	重庆享弘影视股份有限公司	重庆享弘影视股份有限公司	研发创作类
130	两江新区	汽车碰撞安全及人员安全体验中心	重庆车辆检测研究院有限公司	教育培训类
131	两江新区	重庆市消防教育馆	重庆市消防救援总队	场馆类
132	两江新区	重庆园博园	重庆市园博园管理处	旅游景区类
133	两江新区	重庆分析仪器公众体验中心	重庆科技检测中心	教育培训类
134	两江新区	学语文之友杂志社	学语文之友杂志社	传媒类
135	两江新区	重庆少儿频道	重庆视美动画艺术有限公司	传媒类

序号	所在区县	科普基地名称	依托机构	基地类型
136	两江新区	重庆儿童健康与疾病科普基地	重庆医科大学附属儿童医院	教育培训类
137	两江新区	重庆两江机器人展示中心	重庆两江机器人融资租赁有限公司	场馆类
138	两江新区	重庆耐德环保科普基地	重庆耐德工业股份有限公司	场馆类
139	两江新区	重庆红豆杉产业园	重庆市碚圣医药科技股份有限公司	研发创作类
140	两江新区	中国科学院重庆绿色智能技术研究院	中国科学院重庆绿色智能技术研究院	场馆类
141	两江新区	华夏航空飞行训练中心	华夏航空（重庆）飞行训练中心	教育培训类
142	两江新区	万维数字天文科普基地	重庆梧台科技有限公司	研发创作类
143	两江新区	重庆零壹空间航天科普基地	重庆零壹空间航天科技有限公司	场馆类
144	两江新区	重庆礼嘉智慧公园	重庆两江新区发展集团有限公司	场馆类
145	两江新区	重庆市半导体科技馆	重庆两江半导体研究院有限公司	场馆类
146	两江新区	重庆市创新方法科普基地	重庆高技术创业中心	教育培训类
147	两江新区	儿童保健与家庭照护科普基地	重庆佑佑宝贝妇儿医院有限公司	教育培训类
148	两江新区	重庆市铂而斐细胞生物科普基地	重庆市铂而斐细胞生物技术有限公司	教育培训类
149	两江新区	重庆松山医院	重庆松山医院	教育培训类
150	重庆高新区	重庆师范大学昆虫科普基地	重庆师范大学	场馆类
151	重庆高新区	重庆现代农业科普基地	重庆市农业科学院	场馆类
152	重庆高新区	重庆石墨烯展示中心	重庆石墨烯研究院有限公司	场馆类
153	重庆高新区	重庆医科大学附属大学城医院	重庆医科大学附属大学城医院	教育培训类
154	重庆高新区	重庆大学物理探索科技馆	重庆大学	场馆类
155	重庆高新区	重庆园林科普互动体验中心	重庆市风景园林科学研究院	场馆类
156	重庆高新区	重庆公众健康传播服务中心	重庆医科大学	教育培训类
157	重庆高新区	重庆科技学院科技探索体验中心	重庆科技学院	场馆类
158	重庆高新区	重庆科技学院科技传播中心	重庆科技学院	教育培训类
159	重庆高新区	重庆师范大学图书馆科普基地	重庆师范大学	场馆类
160	重庆高新区	重庆医科大学中医药文化中心	重庆医科大学	场馆类
161	重庆高新区	重庆医科大学人类生命与健康博物馆	重庆医科大学	场馆类
162	重庆高新区	重庆科技学院垃圾发电科普中心	重庆科技学院	教育培训类
163	重庆高新区	大学科普杂志社	大学科普杂志社	传媒类
164	重庆高新区	D+M浪尖智造工场	重庆浪尖渝力科技有限公司	研发创作类
165	重庆高新区	重庆师范大学青少年研学实践基地	重庆师范大学	教育培训类
166	重庆高新区	四川美术学院	四川美术学院	研发创作类
167	重庆高新区	沙坪坝区人工智能科普基地	重庆师范大学物理与电子工程学院	教育培训类
168	重庆高新区	重庆特种设备安全科普基地	重庆市质量安全考试中心	场馆类
169	重庆高新区	重庆大学产业技术研究院	重庆大学产业技术研究院	教育培训类
170	涪陵区	白鹤梁水下博物馆	白鹤梁水下博物馆	场馆类

续表

序号	所在区县	科普基地名称	依托机构	基地类型
171	涪陵区	涪陵区页岩气科普基地	中石化重庆涪陵页岩气勘探开发有限公司	教育培训类
172	涪陵区	涪陵区农业科普基地	重庆市渝东南农业科学院	教育培训类
173	涪陵区	涪陵区气象科普基地	重庆市涪陵区气象局	场馆类
174	长寿区	长寿区检察简史展览馆	重庆市长寿区人民检察院	场馆类
175	长寿区	长寿区青少年活动中心	重庆市长寿区青少年活动中心	教育培训类
176	长寿区	重庆狮子滩水电工业科普基地	国家电投集团重庆狮子滩发电有限公司	场馆类
177	江津区	聂荣臻元帅陈列馆	聂荣臻元帅陈列馆	场馆类
178	江津区	重庆工程职业技术学院科普基地	重庆工程职业技术学院	场馆类
179	江津区	重庆市江津区科技馆	重庆市江津区科技馆	场馆类
180	江津区	重庆电梯安全科普基地	重庆能源职业学院	场馆类
181	江津区	重庆市江津区陈独秀旧居陈列馆	重庆市江津区陈独秀旧居陈列馆	场馆类
182	江津区	重庆公共运输职业学院铁道与城市轨道交通科普基地	重庆公共运输职业学院	场馆类
183	合川区	合川钓鱼城风景区科普基地	合川区钓鱼城风景名胜区管理局	旅游景区类
184	合川区	重庆市友军生态园	重庆品有农业发展有限公司	场馆类
185	合川区	合川区育才学校	重庆市合川区育才学校	场馆类
186	合川区	中国科学院科技产业化网络联盟重庆科创中心	喀斯玛汇智（重庆）科技有限公司	场馆类
187	合川区	360网络安全科技馆	重庆市寰宇奇信网络安全产业发展有限公司	场馆类
188	永川区	重庆市永川区集嫒医院	重庆市永川区集嫒医院	教育培训类
189	永川区	乐和乐都主题公园	重庆市乐和乐都旅游有限公司	旅游景区类
190	永川区	重庆市机器人及智能装备科普基地	重庆科创职业学院	场馆类
191	永川区	重庆十里荷香农耕文化科普基地	重庆华辰生态农业发展有限公司	场馆类
192	永川区	重庆医科大学附属永川医院	重庆医科大学附属永川医院	教育培训类
193	永川区	永川秀芽茶文化科普基地	重庆云岭茶业科技有限公司	研发创作类
194	永川区	永川区应急消防科普基地	永川区消防救援支队	场馆类
195	永川区	重庆水利电力职业技术学院	重庆水利电力职业技术学院	教育培训类
196	南川区	金佛山药用植物博览园	重庆市药物种植研究所	教育培训类
197	南川区	重庆金佛山国家级自然保护区	重庆金佛山国家级自然保护区管理局	旅游景区类
198	南川区	蝶语世界昆虫博物园	重庆鰈语生物科技有限公司	场馆类
199	南川区	南川区健康教育科普基地	重庆市南川区人民医院	教育培训类
200	南川区	重庆市南川区青少年综合实践科普基地	重庆市南川区青少年示范性综合实践基地管理中心	场馆类
201	南川区	金佛山方竹文化科普基地	重庆特珍农业开发有限公司	场馆类
202	南川区	重庆市南川区马嘴实验学校	重庆市南川区马嘴实验学校	教育培训类
203	綦江区	綦江国家地质公园	重庆市綦江区国家地质公园管理所	场馆类

序号	所在区县	科普基地名称	依托机构	基地类型
204	綦江区	綦江农博园	重庆乐其农业发展有限公司	场馆类
205	綦江区	綦江农民版画院	綦江农民版画院	场馆类
206	綦江区	重庆大耳朵口袋动物园	重庆乐帆生态农业发展有限公司	场馆类
207	綦江区	重庆开拓卫星航天科普基地	重庆开拓卫星科技有限公司	场馆类
208	綦江区	重庆市惠视眼健康科普基地	重庆市綦江区惠视眼科医院有限公司	教育培训类
209	大足区	大足区五金博物馆	重庆市大足区生产力促进中心	场馆类
210	大足区	大足石刻研究院	大足石刻研究院	旅游景区类
211	大足区	重庆市大足区科技馆	重庆市大足区科技馆	场馆类
212	大足区	施密特智能电梯科普基地	施密特电梯有限公司	研发创作类
213	大足区	大足区青创空间	重庆市大足区青年企业家协会	教育培训类
214	大足区	大足区古龙茶文化科普基地	重庆市大足区古龙茶叶有限责任公司	教育培训类
215	璧山区	重庆市璧山区喜观昆虫王国科普基地	重庆凯锐农业发展有限责任公司	场馆类
216	璧山区	璧山区枫香湖儿童公园	重庆绿岛新区管理委员会	场馆类
217	璧山区	璧山区气象科普基地	重庆市璧山区气象局	场馆类
218	璧山区	重庆护理职业学院老年健康科普基地	重庆护理职业学院	教育培训类
219	铜梁区	重庆市铜梁区爱农教育科普基地	重庆市铜梁区太平镇团碾小学	场馆类
220	铜梁区	重庆市铜梁区青少年综合实践基地服务中心	重庆市铜梁区青少年综合实践基地服务中心	教育培训类
221	铜梁区	铜梁区气象科普基地	重庆市铜梁区气象局	场馆类
222	铜梁区	铜梁区图书馆	重庆市铜梁区图书馆	教育培训类
223	铜梁区	铜梁区健康教育科普基地	重庆市铜梁区健康教育所	场馆类
224	潼南区	潼南区农业科普展览馆	重庆市潼南区农业科技投资（集团）有限公司	场馆类
225	潼南区	香水百荷田园综合体科普基地	重庆园凡农业发展有限公司	旅游景区类
226	潼南区	潼南区红十字应急救护培训基地	重庆市潼南区红十字会	教育培训类
227	潼南区	潼南区承知文化体验中心	重庆市承知文化传播有限公司	旅游景区类
228	荣昌区	荣昌区竹文化科普基地	重庆市荣昌区弘禹水资源开发有限责任公司	场馆类
229	荣昌区	重庆市荣昌区科技馆	重庆市荣昌区科技馆	场馆类
230	荣昌区	重庆市荣昌区青少年活动中心	重庆市荣昌区青少年活动中心	场馆类
231	荣昌区	荣昌区青少年示范性综合实践基地	重庆市兴昌辉腾旅游产业发展有限公司	教育培训类
232	万盛经开区	万盛科技馆	万盛科技馆	场馆类
233	万盛经开区	万盛心肺复苏与创伤急救科普基地	万盛经济技术开发区人民医院	教育培训类
234	万盛经开区	万盛博物馆	重庆市万盛经开区博物馆	场馆类
235	万盛经开区	万盛工业科技展览馆	万盛经开区平山产业园区管委会	场馆类
236	万州区	重庆三峡学院科普基地	重庆三峡学院	教育培训类
237	万州区	重庆三峡医药高等专科学校生命科学馆	重庆三峡医药高等专科学校	场馆类

续表

序号	所在区县	科普基地名称	依托机构	基地类型
238	万州区	重庆三峡医药高等专科学校中药科技馆	重庆三峡医药高等专科学校	场馆类
239	万州区	重庆安全技术职业学院公共安全体验馆	重庆安全技术职业学院	场馆类
240	万州区	重庆三峡农业科学院	重庆三峡农业科学院	研发创作类
241	万州区	万州区农家科技小院	重庆三峡学院	教育培训类
242	万州区	重庆大学附属三峡医院健康管理科普基地	重庆大学附属三峡医院	教育培训类
243	万州区	万州区针灸文化科普基地	重庆三峡医药高等专科学校附属医院	创作研发类
244	开州区	开州临江中学科技教育中心	重庆市开州区临江中学	教育培训类
245	开州区	开州区汉丰湖国家湿地公园	重庆市开州区汉丰湖国家湿地公园管理局	场馆类
246	开州区	开州区开街创谷科普基地	重庆乾开电子商务有限公司	场馆类
247	开州区	刘伯承同志纪念馆	刘伯承同志纪念馆管理处	场馆类
248	开州区	开州区盛山植物园	重庆市开州区盛山植物园	场馆类
249	开州区	开州区紫水豆制品科普基地	重庆紫水豆制品有限公司	场馆类
250	城口县	川陕苏区城口纪念馆	川陕苏区城口纪念馆	场馆类
251	城口县	重庆大巴山国家级自然保护区	重庆大巴山国家级自然保护区管理局	旅游景区类
252	梁平区	梁平知德文化体验馆	重庆知德文化传播有限公司	场馆类
253	梁平区	梁平区青少年活动中心	重庆市梁平区青少年活动中心	教育培训类
254	梁平区	重庆市梁平区博物馆	重庆市梁平区博物馆	场馆类
255	梁平区	梁平区三峡竹博园	重庆市竹桂林业开发有限公司	教育培训类
256	梁平区	重庆数谷农场	重庆市数谷旅游开发有限公司	场馆类
257	丰都县	丰都县雪玉洞科普基地	重庆丰都龙河旅游开发有限公司	旅游景区类
258	垫江县	垫江县中医药文化体验中心	重庆观朗教育科技有限公司	教育培训类
259	垫江县	垫江县牡丹文化科普基地	重庆花开富贵生态农业开发有限公司	场馆类
260	垫江县	垫江恬园社会实践教育基地	垫江恬园度假山庄	教育培训类
261	云阳县	三峡蜂产业科普基地	重庆蜂谷美地生态养蜂有限公司	教育培训类
262	云阳县	重庆三峡气象科普文化教育基地	重庆市云阳县气象局	场馆类
263	云阳县	云阳县文化馆	云阳县文化馆	场馆类
264	忠县	三峡库区生态文明科普基地	重庆市忠县科学技术局	旅游景区类
265	忠县	三峡库区现代柑橘园	国家柑橘工程技术研究中心	教育培训类
266	忠县	忠县白公祠文博景区	忠县文物保护中心	旅游景区类
267	奉节县	奉节县诗城博物馆	奉节县诗城博物馆	场馆类
268	奉节县	奉节县夔州博物馆	奉节县夔州博物馆	场馆类
269	奉节县	奉节县水土保持教育综合实践基地	重庆市巴蜀渝东中学	场馆类
270	奉节县	奉节县菜篮子食品产业科普基地	重庆市菜篮子食品产业有限责任公司	场馆类
271	奉节县	奉节县纳米新材料科普基地	重庆中纳科技有限公司	场馆类
272	巫山县	巫山博物馆	巫山博物馆	场馆类

续表

序号	所在区县	科普基地名称	依托机构	基地类型
273	巫溪县	重庆巫溪马铃薯展览馆	巫溪县薯光农业科技开发有限公司	场馆类
274	巫溪县	巫溪县科技馆	巫溪县科技馆	场馆类
275	黔江区	重庆黔江区小南海国家地质公园	重庆芭拉胡有限公司	旅游景区类
276	黔江区	黔江区生态环境保护科普基地	重庆市黔江区生态环境监测站	研发创作类
277	黔江区	黔江区湿地文化科普馆	重庆市黔江区林业科技站	场馆类
278	武隆区	武隆区应急救护培训科普基地	武隆区实验小学	教育培训类
279	武隆区	武隆区树顶漫步自然教育基地	重庆市武隆区树顶漫步科技有限公司	旅游景区类
280	石柱县	重庆高速冷水风谷科普基地	重庆高速冷水自驾营地管理有限公司	教育培训类
281	秀山县	秀山县青少年创新实践基地	秀山县净意教育科技有限公司	教育培训类
282	酉阳县	酉阳民族小学青少年科技教育中心	重庆市酉阳县民族小学	场馆类
283	酉阳县	酉阳县桃花源科普基地	酉阳县桃花源旅游投资（集团）有限公司	旅游景区类
284	彭水县	彭水青少年活动中心	彭水自治县青少年活动中心	场馆类

5. 2022 年市级农业科技专家大院名单（84 个）

序号	专家大院名称	依托单位	所在区县
1	重庆市水产养殖科技专家大院	重庆团渡水产养殖专业合作社	九龙坡区
2	重庆市观赏鱼科技专家大院	重庆南岸迎龙观赏鱼协会	南岸区
3	重庆市枇杷科技专家大院	重庆市南岸区广阳镇	南岸区
4	重庆市水产科技专家大院	重庆鹏涛农业发展有限公司	北碚区
5	重庆市花卉苗木科技专家大院	重庆怡胜园林有限公司	北碚区
6	重庆市腊梅科技专家大院	重庆山里院农业发展有限公司	北碚区
7	重庆市恒林金槐科技专家大院	重庆恒林农业开发有限公司	北碚区
8	重庆市茶叶科技专家大院	重庆二圣茶业有限公司	巴南区
9	重庆市奶牛科技专家大院	重庆泰基科技发展有限公司	巴南区
10	重庆市花卉苗木科技专家大院	重庆展禾农业发展有限公司	涪陵区
11	重庆市特色泡菜科技专家大院	重庆市涪陵辣妹子集团有限公司	涪陵区
12	重庆市黄草山肉牛养殖科技专家大院	重庆市涪陵区志伟肉牛养殖专业合作社	涪陵区
13	重庆市晚熟柑橘科技专家大院	重庆东源农业开发有限公司	长寿区
14	重庆市晚熟柑橘科技专家大院	重庆锦程实业有限公司	江津区
15	重庆市枇杷科技专家大院	合川区荣发种苗场	合川区
16	重庆市中华鳖科技专家大院	重庆市恒韵水产养殖有限公司	合川区
17	重庆市生态渔业科技专家大院	重庆吉冠水产养殖有限公司	合川区

序号	专家大院名称	依托单位	所在区县
18	重庆市合川蚕桑科技专家大院	重庆市合川区蚕桑技术指导站	合川区
19	重庆市特色作物科技专家大院	重庆金穗种业有限责任公司	永川区
20	重庆市永川茶叶科技专家大院	重庆市云岭茶业科技有限责任公司	永川区
21	重庆市西瓜科技专家大院	重庆益保西瓜种植专业合作社	永川区
22	重庆市南方早熟梨科技专家大院	重庆市首农生态农业开发有限公司	永川区
23	重庆市特色植物种苗科技专家大院	重庆市天沛农业科技有限公司	永川区
24	重庆市生猪科技专家大院	重庆青一银升生态农业有限公司	南川区
25	重庆市南川茶叶科技专家大院	重庆市乾丰茶业有限责任公司	南川区
26	重庆市辣椒科技专家大院	重庆市兴科生产力促进中心	綦江区
27	重庆市綦江特色畜牧科技专家大院	重庆梓轩农业开发有限公司	綦江区
28	重庆市光强农业科技专家大院	綦江县光强农业开发有限公司	綦江区
29	重庆市有机茶叶科技专家大院	重庆市万盛区盛泉茶厂	万盛经开区
30	重庆市猕猴桃科技专家大院	重庆市楷林农业发展有限公司	万盛经开区
31	重庆市万盛茶叶科技专家大院	重庆翠信茶叶业有限公司	万盛经开区
32	重庆市大足黑山羊科技专家大院	重庆腾达牧业有限公司	大足区
33	重庆市荷花科技专家大院	重庆市大足雅美佳水生花卉有限公司	大足区
34	重庆市生猪科技专家大院	重庆旺农饲料有限公司	铜梁区
35	重庆市枳壳科技专家大院	铜梁县子奇药材有限公司	铜梁区
36	重庆市蔬菜科技专家大院	重庆科光种苗有限公司	潼南区
37	重庆市蔬菜科技专家大院	潼南县科学技术情报研究所	潼南区
38	重庆市潼南柠檬科技专家大院	潼南县崇龛镇汇达柠檬专业合作社	潼南区
39	重庆市潼南玫瑰科技专家大院	重庆雅香美源生态农业科技有限公司	潼南区
40	重庆市奶牛科技专家大院	荣昌远觉镇奶牛养殖合作社	荣昌区
41	重庆市肉兔科技专家大院	荣昌正坤肉兔养殖技术服务股份合作社	荣昌区
42	重庆市白鹅科技专家大院	荣昌县富友畜禽养殖有限公司	荣昌区
43	重庆市盘龙生姜科技专家大院	荣昌盘龙镇三合生姜专业合作社	荣昌区
44	重庆市荣昌蔬菜科技专家大院	荣昌县双溪蔬菜种植专业合作社	荣昌区
45	重庆市无花果科技专家大院	重庆市万州区大团蔬菜专业合作社	万州区
46	重庆市渝云峡川茶叶科技专家大院	重庆市渝云峡川生态农业开发有限公司	万州区
47	重庆市绿隐仙枞红茶科技专家大院	重庆君之缘农业开发有限公司	万州区
48	重庆市梁平柚科技专家大院	梁平县龙滩柚专业合作社	梁平区
49	重庆市水禽科技专家大院	梁平县大舜水禽养殖专业合作社	梁平区
50	重庆市梁平名优鱼科技专家大院	重庆市同盟农业开发有限公司	梁平区

序号	专家大院名称	依托单位	所在区县
51	重庆市山地鸡科技专家大院	重庆四季五谷生态农业开发有限公司	城口县
52	重庆市蔬菜科技专家大院	城口县绿佳源农业发展有限公司	城口县
53	重庆市城口核桃科技专家大院	重庆渝鲁林业发展有限公司	城口县
54	重庆市肉牛科技专家大院	重庆恒都农业集团有限公司	丰都县
55	重庆市红心柚科技专家大院	重庆市红友王红心柚有限公司	丰都县
56	重庆市生猪科技专家大院	垫江龙盛生态农业发展有限公司	垫江县
57	重庆市肉鹅科技专家大院	重庆清水湾良种鹅业有限公司	垫江县
58	重庆市香城蜜柚科技专家大院	垫江县香城蜜柚种植股份合作社	垫江县
59	重庆市垫江名贵中药材科技专家大院	重庆侨东美实业有限公司	垫江县
60	重庆市柑桔科技专家大院	重庆三峡建设集团有限公司	忠　县
61	重庆市忠县生猪科技专家大院	重庆威旺食品开发有限公司	忠　县
62	重庆市牛羊生态养殖科技专家大院	重庆金峡牧业有限责任公司	云阳县
63	重庆市（三峡）蜂产业科技专家大院	重庆蜂谷美地生态养蜂有限公司	云阳县
64	重庆市龙缸云雾茶叶科技专家大院	重庆龙缸茶业有限公司	云阳县
65	重庆市云阳菊花科技专家大院	云阳芸山农业开发有限公司	云阳县
66	重庆市帮豪种业科技专家大院	重庆帮豪种业股份有限公司	云阳县
67	重庆市肉牛养殖科技专家大院	奉节县云龙牧业专业合作社	奉节县
68	重庆铭阳脐橙产业专家大院	重庆铭阳水果种植有限公司	奉节县
69	重庆市七曜山中药材科技专家大院	奉节县成远中药材种植场	奉节县
70	重庆市党参科技专家大院	重庆市神女药业股份有限公司	巫山县
71	重庆市脱毒马铃薯科技专家大院	巫溪县凯瑞百谷马铃薯种业有限公司	巫溪县
72	重庆市大宁河鸡繁育科技专家大院	重庆腾展家禽养殖有限公司	巫溪县
73	重庆市巫溪山羊科技专家大院	巫溪县人川农业开发有限公司	巫溪县
74	重庆市巫溪大鲵科技专家大院	重庆市大宁河水产养殖有限公司	巫溪县
75	重庆市猕猴桃科技专家大院	重庆三磊田甜农业开发有限公司	黔江区
76	重庆市生猪养殖科技专家大院	重庆市六九原种猪场有限公司	黔江区
77	重庆市土鸡科技专家大院	重庆佳利畜牧技术推广有限公司	武隆区
78	重庆市高山蔬菜科技专家大院	重庆渝蔬农业发展有限公司	武隆区
79	重庆市武隆高山茶叶科技专家大院	重庆市冠恒农业开发有限公司	武隆区
80	重庆市魔芋科技专家大院	石柱县校合作办	石柱县
81	重庆市辣椒科技专家大院	重庆市石柱土家族自治县辣椒研究中心	石柱县
82	重庆市土鸡科技专家大院	秀山鲁渝禽业有限公司	秀山县
83	重庆市秀山茶叶科技专家大院	重庆皇茗苑农业综合开发有限公司	秀山县
84	重庆市酉州乌羊科技专家大院	重庆金泰牧业有限公司	酉阳县

6．2022 年星创天地名单（44 个）

序号	名称	依托单位	所在区县	级别
1	潼南农家星创天地	潼南区两江蔬菜生产力促进中心	潼南区	国家级
2	梁平水彩空间星创天地	重庆红泥生态农业发展有限公司	梁平区	国家级
3	铜梁龙韵果乡星创天地	重庆建亨农业发展有限公司	铜梁区	国家级
4	璧山金色郊区星创天地	重庆璧山国家农业科技园区管理委员会	璧山区	国家级
5	璧山五行智农星创天地	重庆凯锐农业发展有限责任公司	璧山区	国家级
6	云阳三峡蜂业星创天地	重庆峰谷美地生态养蜂有限公司	云阳县	国家级
7	开州喜羊羊星创天地	重庆旭晖牧业有限公司	开州区	国家级
8	北碚芸香谷星创天地	中国农业科学院柑桔研究所	北碚区	国家级
9	荣昌重牧硅谷星创天地	重庆弘旺畜牧科技管理有限公司	荣昌区	国家级
10	巫溪洋芋星创天地	巫溪县薯光农业科技开发有限公司	荣昌区	国家级
11	黔江武陵仙果星创天地	重庆三磊田甜农业开发有限公司	城口县	国家级
12	酉阳武陵天椒星创天地	重庆和信农业发展有限公司	酉阳县	国家级
13	垫江明月山土鸡养殖星创天地	垫江县双飞畜禽养殖股份合作社	垫江县	国家级
14	渝北两江星创天地	重庆望梅农业发展有限公司	渝北区	国家级
15	万州智慧田园星创天地	重庆万羡农产品有限公司	万州区	国家级
16	黔江土家阳鹊星创天地	重庆市璞琢农业开发有限责任公司	黔江区	国家级
17	石柱硒旺天麻星创天地	重庆硒旺华宝生物科技有限公司	石柱县	国家级
18	彭水农联家生态渔业星创天地	彭水县碧水清泉渔业有限公司	彭水县	国家级
19	城口核桃星创天地	重庆市渝鲁林业发展有限公司	城口县	国家级
20	武隆蔬妆仙女山星创天地	重庆市武隆区高山蔬菜研究所	武隆区	国家级
21	铜梁牧堂纯星创天地	重庆牧堂纯农业综合开发有限公司	铜梁区	国家级
22	酉阳油茶星创天地	重庆五福盈林业发展有限公司	酉阳县	市级
23	万州玫瑰香橙星创天地	重庆蕤峰园农业有限公司	万州区	市级
24	奉节夔府脐橙星创天地	重庆铭阳果业发展有限公司	奉节县	市级
25	南川绿航母星创天地	重庆绿航母现代农业开发有限公司	南川区	市级
26	江津锦雲神农逐梦星创天地	重庆锦雲医药研究院有限公司	江津区	市级
27	江津茶旅猫山星创天地	重庆市欧尔农业开发有限公司	江津区	市级
28	巴南萄源社星创天地	重庆锦建生态农业有限公司	巴南区	市级
29	梁平同盟智慧渔业星创天地	重庆同盟农业开发有限公司	梁平区	市级
30	万盛绿水人家星创天地	重庆市綦江区丛林镇农业服务中心	万盛经开区	市级
31	万州梧桐科技小院星创天地	重庆三峡学院	万州区	市级
32	万州石斛星创天地	重庆罗斛农业开发有限公司	万州区	市级

续表

序号	名称	依托单位	所在区县	级别
33	黔江彩虹蜂场星创天地	重庆市黔江区佩琳农业发展有限公司	黔江区	市级
34	涪陵农科星创天地	重庆市渝东南农业科学院	涪陵区	市级
35	长寿畜禽养殖星创天地	重庆市长寿区标杆养鸡股份合作社	长寿区	市级
36	永川秀芽星创天地	重庆市农业科学院	永川区	市级
37	铜梁枳壳星创天地	重庆市铜梁区子奇药材有限公司	铜梁区	市级
38	潼南非遗手工艺星创天地	重庆承品文化传播有限公司	潼南区	市级
39	潼南药材驿站星创天地	重庆市潼南区中药研究院有限公司	潼南区	市级
40	梁平果兴农星创天地	梁平区西科农业发展有限公司	梁平区	市级
41	梁平庆丰汇农星创天地	重庆庆丰种业有限责任公司	梁平区	市级
42	垫江可可椒星创天地	重庆一可娇农业发展有限公司	垫江县	市级
43	奉节祥飞星创天地	重庆市奉节县祥飞茧丝绸有限公司	奉节县	市级
44	奉节汀来食用菌星创天地	重庆市汀来绿色食品开发有限公司	奉节县	市级

7. 2022 年农业科技园区名单（22 个）

国家农业科技园区（13 个）

序号	园区名称	所在区县
1	重庆渝北国家农业科技园区	渝北区
2	重庆忠县国家农业科技园区	忠　县
3	重庆璧山国家农业科技园区	璧山区
4	重庆丰都国家农业科技园区	丰都县
5	重庆潼南国家农业科技园区	潼南区
6	重庆长寿国家农业科技园区	长寿区
7	重庆江津国家农业科技园区	江津区
8	重庆永川国家农业科技园区	永川区
9	重庆涪陵国家农业科技园区	涪陵区
10	重庆铜梁国家农业科技园区	铜梁区
11	重庆酉阳国家农业科技园区	酉阳县
12	重庆武隆国家农业科技园区	武隆区
13	重庆梁平国家农业科技园区	梁平区

市级农业科技园区（9个）

序号	园区名称	所在区县
1	荣昌现代畜牧科技园区	荣昌区
2	大巴山（城口）山地农业科技园区	城口县
3	重庆市万盛农业科技园区	万盛经开区
4	重庆市垫江农业科技园区	垫江县
5	重庆市巫溪生态农业科技园区	巫溪县
6	万州玫瑰香橙市级农业科技园区	万州区
7	巫山中药材市级农业科技园区	巫山县
8	荣昌生态农业市级农业科技园区	荣昌区
9	奉节脐橙市级农业科技园区	奉节县

8．2022年科技企业孵化器名单（112家）

序号	单位名称	级别	所属区域
1	重庆赛伯乐智慧产业科技企业孵化器	国家级	两江新区
2	猪八戒文化创意孵化器	国家级	两江新区
3	重科智谷	国家级	两江新区
4	重庆高新技术产业开发区创新服务中心	国家级	重庆高新区
5	育成加速器	国家级	重庆高新区
6	第一创客创新孵化器	国家级	重庆高新区
7	重庆市黔江区科技企业孵化器	国家级	黔江区
8	涪陵金渠科技孵化园	国家级	涪陵区
9	重庆环球互联网产业孵化园	国家级	渝中区
10	重庆渝中两江大学生科技创业中心	国家级	渝中区
11	五里店工业设计产业科技园	国家级	江北区
12	重庆COSMO成长工场	国家级	江北区
13	重庆大学国家大学科技园创业服务中心	国家级	沙坪坝区
14	重庆沙坪坝区工业设计科技企业孵化器	国家级	沙坪坝区
15	重庆高技术创业中心	国家级	九龙坡区
16	重庆清研理工智能制造孵化器	国家级	九龙坡区
17	重庆启迪科技园科技企业孵化器	国家级	九龙坡区
18	北碚国家大学科技园创业服务中心	国家级	北碚区
19	重庆立洋绿色制造孵化园	国家级	渝北区
20	重庆感知科技企业孵化器	国家级	渝北区

续表

序号	单位名称	级别	所属区域
21	荣昌科技企业孵化器	国家级	荣昌区
22	重牧硅谷科技企业孵化器	国家级	荣昌区
23	重庆西部食谷科技企业孵化器	国家级	江津区
24	重庆力合清创科技孵化园	国家级	璧山区
25	重庆都梁科技企业孵化器	国家级	梁平区
26	万信科创企业孵化器	国家级	万盛经开区
27	腾讯科技企业孵化器	市级	两江新区
28	隆讯移动游戏科技企业孵化器	市级	两江新区
29	阿里云创新中心（重庆）	市级	两江新区
30	优路文创园	市级	两江新区
31	重庆博端物联网创新中心	市级	两江新区
32	重庆应用技术孵化园	市级	两江新区
33	重庆现代服务业科技创业孵化基地	市级	两江新区
34	两江半导体集成电路科技企业孵化器	市级	两江新区
35	英特尔 FPGA 中国创新中心孵化器	市级	重庆高新区
36	重庆科技学院科技型企业孵化器	市级	重庆高新区
37	重庆师范大学大学生创业孵化园	市级	重庆高新区
38	重庆市大学生就业创业公共服务中心	市级	重庆高新区
39	SquareOne 中国创新中心	市级	重庆高新区
40	万州科技企业孵化园	市级	万州区
41	重庆 U 创科技企业孵化器	市级	渝中区
42	重庆国际医疗服务孵化基地	市级	渝中区
43	渝中数字科技产业基地孵化器	市级	渝中区
44	重庆数字商务产业园孵化器	市级	渝中区
45	建桥工业园区 C 区万源科技孵化中心	市级	大渡口区
46	重庆亚马逊 AWS 联合科技企业孵化器	市级	大渡口区
47	大渡口区天安 T+SPACE 科技企业孵化器	市级	大渡口区
48	重庆移动互联网产业园孵化基地	市级	大渡口区
49	重庆江北区科技企业孵化园	市级	江北区
50	石子山青年创业社区科技企业孵化器	市级	江北区
51	重庆星创元企业孵化器	市级	江北区
52	中科院重庆研究院江北育成中心	市级	江北区
53	重庆江北高端生物医药孵化器	市级	江北区
54	光子空间数字经济产业基地孵化器	市级	江北区
55	重庆市沙坪坝区创新生产力促进中心	市级	沙坪坝区

序号	单位名称	级别	所属区域
56	国际港总部城产业园科技企业孵化器	市级	沙坪坝区
57	峡光大学生创业孵化基地	市级	九龙坡区
58	重庆九龙西城科技企业孵化器	市级	九龙坡区
59	南岸区微型企业孵化基地	市级	南岸区
60	重庆工业服务港	市级	南岸区
61	京东智联云（重庆）创新中心	市级	南岸区
62	力合人工智能创新中心	市级	南岸区
63	重庆软件园中小微企业创新中心	市级	南岸区
64	中国科学院重庆育成中心	市级	北碚区
65	西南大学（重庆）产业技术研究院孵化器	市级	北碚区
66	重庆龙凤三号科技企业孵化器	市级	北碚区
67	安创空间科技企业孵化器	市级	渝北区
68	重庆金渝科技企业孵化园	市级	渝北区
69	威瑞空间（重庆）科技企业孵化器	市级	渝北区
70	漫调 E 空间	市级	渝北区
71	重庆创意公园	市级	渝北区
72	重庆临空数贸科技企业孵化器	市级	渝北区
73	重庆市巴南区先进技术创新中心	市级	巴南区
74	重庆工程学院创新创业园	市级	巴南区
75	欣巴智联双创基地	市级	巴南区
76	华崛嘉业孵化器	市级	江津区
77	中国·重庆（綦江）陆海传綦智慧数据谷	市级	綦江区
78	三创中心孵化器	市级	綦江区
79	重庆小蜻蜓企业孵化园	市级	綦江区
80	璧山高新区新型电子信息孵化园	市级	璧山区
81	璧山·创智工场	市级	璧山区
82	中关村 e 谷（璧山）智创中心	市级	璧山区
83	重科大科技创新加速器	市级	璧山区
84	荣联科技孵化器	市级	荣昌区
85	PCB 科技企业孵化器	市级	荣昌区
86	合川区旭辉科技企业孵化器	市级	合川区
87	重庆互联网青创营	市级	永川区
88	重庆文理学院地恩科技孵化器	市级	永川区
89	重庆市南川区科技创业服务中心	市级	南川区
90	盛亚祥企业孵化中心	市级	南川区

序号	单位名称	级别	所属区域
91	重庆铜生科技服务中心	市级	铜梁区
92	重庆重润表面科技孵化器	市级	铜梁区
93	重庆潼南科技企业孵化器	市级	潼南区
94	开州区电子商务孵化园	市级	开州区
95	奉节县电子商务孵化园	市级	奉节县
96	重庆城口县创新服务中心	市级	城口县
97	垫江未言孵化器	市级	垫江县
98	网联天下科技企业孵化器	市级	巫溪县
99	重庆酉阳桃花源科技企业孵化器	市级	酉阳县
100	重庆市万盛工业园区创新服务中心	市级备案	万盛经开区
101	重庆百舸经济技术开发有限公司	市级备案	万盛经开区
102	黔江区濯水旅游创意科技微企孵化园	市级备案	黔江区
103	重庆市黔江区武陵创业孵化基地	市级备案	黔江区
104	重庆市涪陵区马武科技企业孵化器	市级备案	涪陵区
105	重庆创青春实业发展有限公司	市级备案	大渡口区
106	沙坪坝区微型企业创业孵化器	市级备案	沙坪坝区
107	重庆科威云商实业股份有限公司	市级备案	九龙坡区
108	重庆市留学生创业服务中心	市级备案	九龙坡区
109	江津德感工业园区科技创业投资中心	市级备案	江津区
110	璧山县机械制造业创新服务中心	市级备案	璧山区
111	丰都工业园区科技孵化园	市级备案	丰都县
112	重庆市巫溪县工业园区创新服务中心	市级备案	巫溪县

指标解释

研究与试验发展（R&D）：指在科学技术领域，为增加知识总量以及运用这些知识去创造新的应用而进行的系统的、创造性的活动，包括基础研究、应用研究、试验发展三类活动。

基础研究：指为了获得关于现象和可观察事实的基本原理的新知识（揭示客观事物的本质、运动规律，获得新发展、新学说）而进行的实验性或理论性研究，它不以任何专门或特定的应用或使用为目的。

应用研究：指为获得新知识而进行的创造性研究，主要针对某一特定的目的或目标。应用研究是为了确定基础研究成果可能的用途，或是为达到预定的目标探索而采取的新方法（原理性）或新途径。

试验发展：指利用从基础研究、应用研究和实际经验所获得的现有知识，为产生新的产品、材料和装置，建立新的工艺、系统和服务，以及对已产生和建立的上述各项作实质性的改进而进行的系统性工作。

R&D 人员：指调查单位内部从事基础研究、应用研究和试验发展三类活动的人员，包括直接参加上述三类项目活动的人员以及这三类项目的管理人员和直接服务人员。为研发活动提供直接服务的人员包括直接为研发活动提供资料文献、材料供应、设备维护等服务的人员。

R&D 人员中全时人员：指在报告年度实际从事 R&D 活动的时间占制度工作时间 90% 及以上的人员。

R&D 人员全时当量：这是国际上通用的、用于比较科技人力投入的指标，指 R&D 全时人员（全年从事 R&D 活动累积工作时间占全部工作时间的 90% 及以上人员）工作量与非全时人员按实际工作时间折算的工作量之和。例如：有 2 个 R&D 全时人员（工作时间分别为 0.9 年和 1 年）、3 个 R&D 非全时人员（工作时间分别为 0.2 年、0.3 年和 0.7 年），则 R&D 人员全时当量 = 1+1+0.2+0.3+0.7 = 3.2（人年）。

研究人员：指 R&D 人员中具备中级以上职称或博士学位的人员。

R&D 经费内部支出：指调查单位在报告年度用于内部开展 R&D 活动的实际支出，包括用于 R&D

项目（课题）活动的直接支出，以及间接用于 R&D 活动的管理费、服务费、与 R&D 有关的基本建设支出以及外协加工费等。其不包括生产性活动支出、归还贷款支出以及与外单位合作或委托外单位进行 R&D 活动而转拨给对方的经费支出。

日常性支出：指调查单位在报告年度为开展 R&D 活动而发生的人员劳务费以及各项管理费用和购买非资产性的材料、物资费用等日常支出。

资产性支出：指调查单位在报告年度为开展 R&D 活动而进行建造、购置、安装、改建、扩建固定资产，以及进行设备技术改造和大修理等实际支出的费用。

政府资金：指调查单位 R&D 经费内部支出中来自各级政府部门的各类资金，包括财政科学技术拨款、科学基金、教育等部门事业费以及政府部门预算外资金的实际支出。

企业资金：指调查单位 R&D 经费内部支出中来自本企业的自有资金和接受其他企业委托而获得的经费，以及科研院所、高校等事业单位从企业获得的资金的实际支出。

R&D 经费外部支出合计：指报告年度调查单位委托外单位或与外单位合作进行 R&D 活动而拨给对方的经费。

R&D 项目（课题）：指调查单位在当年立项并开展研究工作、以前年份立项仍继续进行研究的研究开发项目或课题，包括当年完成和年内研究工作已告失败的研发项目或课题。

高新技术企业：根据《高新技术企业认定管理办法》（国科发火〔2016〕32 号），高新技术企业是指在《国家重点支持的高新技术领域》内，持续进行研究开发与技术成果转化，形成企业核心自主知识产权，并以此为基础开展经营活动，在中国境内（不包括港、澳、台地区）注册的居民企业。

高技术产业：根据 2002 年 7 月国家统计局印发的《高技术产业统计分类目录》，中国高技术产业的统计范围包括航空航天器制造业、电子及通信设备制造业、电子计算机及办公设备制造业、医药制造业和医疗设备及仪器仪表制造业共五类行业。该目录参考了 OECD 高技术产业的界定范围。

高新技术产品进出口：根据科技部和商务部（原外经贸部）确定的中国高新技术产品统计目录，其包括生物技术、生命科学技术、光电技术、计算机与通信技术、电子技术、计算机集成制造技术、材料技术、航空航天技术和其他共 9 个领域。该目录参照了美国的先进技术产品（ATP - Advanced Technology Product）出口目录和进口目录。

科技企业孵化器：指培育和扶植高新技术中小企业的服务机构。孵化器通过为新创办的科技型中小企业提供物理空间和基础设施，提供一系列服务支持，降低创业者的创业风险和创业成本，提高创业成功率，促进科技成果转化，帮助和支持科技型中小企业成长与发展，培养成功的企业和企业家。它对推动高新技术产业发展，完善国家和区域创新体系、繁荣经济，发挥着重要的作用，具有重大的社会经济意义。

新产品：指采用新技术原理、新设计构思研制、生产的全新产品，或在结构、材质、工艺等某一方面比原有产品有明显改进，从而显著提高了产品性能或改进了使用功能的产品。

创新：指本企业推出了新的或有重大改进的产品或工艺，或采用了新的组织管理方式或营销方法。此处的"新"是指它们对本企业而言必须是新的，但对于其他企业或整个市场而言不要求一定是新的。

产品创新：指企业推出了全新的或有重大改进的产品。产品创新的"新"要体现在产品的功能或特性上，包括技术规范、材料、组件、用户友好性等方面的重大改进；不包括产品仅有外观变化或其他微小改变的情况，也不包括直接转销。

这里的产品既包括货物，也包括服务。对工业企业而言，货物方面产品创新的例子有新能源汽车、新功能手机等；服务方面产品创新的例子有新的保修服务，如显著延长的新产品保修期限等。对建筑业企业而言，货物方面产品创新的例子有功能或特性有重大改进的房屋、桥梁或配套的建筑构配件、建筑制品等；服务方面产品创新的例子有新形式的装修售后服务等。对服务业企业而言，货物方面产品创新的例子有新面世的盒装或下载版软件等；服务方面产品创新的例子有新型理财产品、显著改进的咨询服务、有突破进展的设计方案等。

工艺创新：指企业采用了全新的或有重大改进的生产方法、工艺设备或辅助性活动，其中辅助性活动是指企业的采购、物流、财务、信息化等活动。工艺创新的"新"要体现在技术、设备、软件或流程上；不包括单纯的组织管理方式的变化。

对工业企业而言，生产工艺方面工艺创新的例子有采用新型自动化包装生产线替代人工包装等；对建筑业企业而言，施工工艺方面工艺创新的例子有新工法、显著改进的工具等；对服务业企业而言，推出服务或产品的方法方面工艺创新的例子有采用新型自动控制系统调配交通工具等。辅助性活动方面工艺创新的例子有首次采用条形码追踪原材料走向、开发新的软件进行财务管理等。

组织创新：指企业采取了此前从未使用过的全新的组织管理方式，主要涉及企业的经营模式、组织结构或外部关系等方面；不包括单纯的合并或收购。其应是企业管理层战略决策的结果。

经营模式方面组织创新的例子有首次使用供应链管理、质量管理、信息共享制度等；组织结构方面组织创新的例子有首次使用机构设置、职责划分、权限管理、决策方式等；外部关系方面组织创新的例子有首次使用商业联盟、新式合作、外包或分包等。

营销创新：指企业采用了此前从未使用过的全新的营销概念或营销策略，主要涉及产品设计或包装、产品推广、产品销售渠道、产品定价等方面；不包括季节性、周期性变化和其他常规的营销方式变化。

产品设计或包装方面营销创新的例子有对现有产品的创意设计、为特定消费群体推出饮料新口味等；产品推广方面营销创新的例子有首次使用新型广告媒体、全新品牌形象、推出会员卡等；产品销售渠道方面营销创新的例子有首次使用电子商务、直销、特许经营、独家零售等；产品定价方面营销创新的例子有首次使用自动调价、折扣系统等。

创新活动：指为实现创新而进行的科学、技术、组织、商业等各种活动的总称，具体包括开展了产品或工艺创新活动，或实现了组织或营销创新。

产品或工艺创新活动：指研发活动以及为实现产品创新或工艺创新而进行的各种活动的总称。主要的产品或工艺创新活动包括内部研发活动、外部研发活动、获得机器设备和软件、从外部获取相关技术，以及相关的培训、设计、市场推介、可行性研究、测试、工装准备等活动。产品或工艺创新活动不仅包括成功的，也包括正在进行的和中止的。它本身可能具有新颖性，也可能并不新颖却是实现创新所必需的。

正在进行的产品或工艺创新活动：指正在进行、尚未完成预定目标任务的产品或工艺创新活动。

中止的产品或工艺创新活动：指由于各种原因中断、延期、放弃或失败的产品或工艺创新活动。

新颖度类别：指产品或工艺的新颖程度，按照从低到高依次分为无创新、本企业新、国内市场新、国际市场新。其中无创新是指未推出新的产品或工艺，或原有的产品或工艺未发生重大改进；本企业新是指产品或工艺对于本企业而言是全新的或有重大改进的，但对于其他企业或整个市场而言并不是；国内市场新是指产品或工艺对于国内市场而言是全新的或有重大改进的，但对于国际市场而言并不是；国际市场新是指产品或工艺在世界范围内是全新的或有重大改进的。

国际市场新的产品或工艺同时一定也是国内市场新和本企业新的，国内市场新的产品或工艺同时一定也是本企业新的。

在建筑业和服务业的调查中，将国内市场新与国际市场新合并称为市场新，即产品或工艺不仅对于本企业而言是全新的或有重大改进的，对于国际或国内市场及其他企业而言同样也是。

创新合作：指企业与其他企业或机构共同开展产品或工艺创新活动。创新合作要求企业必须是积极主动参与的，不包括纯外包项目，双方不一定要取得商业利益。

新型研发机构：指聚焦重庆市科技创新需求，主要从事科学研究、技术创新、研发服务和成果转化，投资主体多元化、管理制度现代化、运行机制市场化、用人机制灵活的独立法人机构，可以是在渝依法注册的科技类民办非企业单位（社会服务机构）、事业单位和企业。

专利：指专利权的简称，是对发明人的发明创造经审查合格后，由专利局依据专利法授予发明人和设计人对该项发明创造享有的专有权，包括发明专利、实用新型专利和外观设计专利。

发明专利：指对产品、方法或者其改进所提出的新的技术方案。

实用新型专利：指对产品的形状、构造或者其结合所提出的适于实用的新的技术方案。

外观设计专利：指对产品的形状、图案、色彩或者其结合所作出的富有美感并适于工业上应用的新设计。

职务发明：指执行本单位的任务或者主要是利用本单位的物质条件所完成的发明创造。其申请专利权利属于本单位。

明专利数：指调查单位作为专利权人在报告年度拥有的、经国内外知识产权行政部门授权的的发明专利件数。

有权转让及许可数：指报告年度调查单位向外单位转让专利所有权或允许专利技术由被许可单位使用的件数。

专利所有权转让与许可收入：指报告年度调查单位向外单位转让专利所有权或允许专利技术由被许可单位使用而得到的收入，包括当年从被转让方或被许可方得到的一次性付款和分期付款收入，以及利润分成、股息收入等。

集成电路布图设计登记数：指报告年度调查单位向知识产权行政部门提出登记申请并被受理登记的集成电路布图设计的件数。

形成国家或行业标准数：指报告年度调查单位在自主研发或自主知识产权基础上形成的国家或行业标准。形成国家或行业标准须经有关部门批准。

发表科技论文：指在学术刊物上以书面形式发表的最初的科学研究成果。其应具备以下三个条件：①首次发表的研究成果；②作者的结论和试验能被同行重复并验证；③发表后科技界能引用。

出版科技著作：指经过正式出版部门编印出版的论述科学技术问题的理论性论文集或专著以及大专院校教科书、科普著作，但不包括翻译国外的著作。由多人合著的科技著作，由第一作者所在单位统计。